# Live2D モデリング&アニメーション Tips

[著] 唐揚丸／乾物ひもの／ののん。／fumi

協力：株式会社Live2D

技術評論社

# 免責・注意事項　ご購入・ご利用前に必ずお読みください

## 本書の内容について

○ 本書は株式会社 Live2D の「Live2D Cubism Editor ver.5.1」を使用して解説しています。
本書記載の情報は、2024 年 8 月 31 日現在のものになりますので、ご利用時には変更されている場合もあります。
また、ソフトウェアはバージョンアップされる場合があり、本書での説明とは機能内容や画面図などが異なることもあり得ます。本書ご購入の前に必ずソフトウェアのバージョン番号をご確認ください。ソフトウェアは、Windows 版をベースに解説しておりますが、macOS 版でもご利用いただけます。

● 本書中で、アドビ株式会社の Photoshop、After Effects、株式会社セルシスの CLIP STUDIO PAINT の使用例があります。
● 本書中で VTube Studio を使用して解説している部分があります。
※ VTube Studio は、Windows、macOS、iPhone、iPad で利用できます。

○ 本書に記載された内容は、情報の提供のみを目的としています。本書の運用については、必ずお客様自身の責任と判断によって行ってください。これら情報の運用の結果について、技術評論社及び著者はいかなる責任も負いかねます。また、本書内容を超えた個別のトレーニングにあたるものについても、対応できかねます。あらかじめご承知おきください。

○ 本書の制作にあたり、知的財産権的な観点で問題を有している生成 AI（2024 年 8 月 31 日時点）は、一切使用しておりません。また、本書に記載された内容を生成 AI のトレーニング素材として学習させた結果および関連した内容について、公開、配布を行うことを禁止します。

▶ ファイルのダウンロードについて

○ 本書で使用しているファイルをダウンロードデータとして配布しています（作例ファイルのダウンロード方法は P.6 を参照のこと）。作例ファイルのご利用には、Live2D Cubism Editor が必要です。また、Ver.5.1 で作成しているため、それ以外のバージョンでは利用できない場合や操作手順が異なることがあります。

○ 本書で使用した作例の利用は、必ずお客様自身の責任と判断によって行ってください。これらのファイルを使用した結果生じたいかなる直接的・間接的損害も、技術評論社、著者、プログラムの開発者、ファイルの制作に関わったすべての個人と企業は、一切その責任を負いかねます。

○ ダウンロードデータは本書をご購入いただいた方のみ、個人的な学習目的でご利用いただけます。特に次のような場合には訴訟の対象になり得ますのでご注意ください。個人的な目的以外でのご利用はお断りしております。

● パッケージデザインやポスターなどの広告物に使用した場合
● データを使用して、営利目的で印刷・販売を行った場合
● データを転載・譲渡・配布を行った場合
● データをお客様の著作物、配信用アバターとして発表した場合
● 特定企業のロゴマークや企業理念を表現したキャラクターとして使用した場合
● 特定企業の商品またはサービスを象徴するイメージとして使用した場合
● 公序良俗に反する目的で使用した場合
● 知的財産権的な観点で問題を有している生成 AI（2024 年 8 月 31 日時点）のトレーニング素材としてデータを学習させた結果および関連した内容について、公開、配布を行った場合

## Live2D Cubism Editor はご自分でご用意ください

○ 株式会社 Live2D の Web サイトより、Live2D Cubism Editor のトライアル版（無償・42 日間有効）をダウンロードできます。
詳細は、株式会社 Live2D の下記 Web サイトをご覧ください。
https://www.live2d.com/

▶ **Live2D Cubism Editor（～ ver.5.1）の動作に必要なシステム構成**　※以降のバージョンでは変更になることがあります。

| | Windows | Mac |
|---|---|---|
| OS | Windows10、11<br>（64 ビット版、デスクトップモードのみ） | macOS v11（Big Sur）（※ 1）<br>macOS v12（Monterey）（※ 1）<br>macOS v13（Ventura）（※ 1）<br>macOS v14（Sonoma）（※ 1） |
| CPU | Intel® Core™ i5-6600 相当かそれ以上の性能<br>（AMD 製を含む）<br>（推奨 i5-8600、i7-7700、クアッドコア以上） | Intel® Core™ i5-8500 相当かそれ以上の性能<br>（推奨 i5-10600、i7-9600、クアッドコア以上）<br>Apple M シリーズチップ（※ 2） |
| メモリ | 4GB 以上のメモリ（推奨 8GB 以上） | 8GB 以上のメモリ |
| ハードディスク | 約 1GB 程度必要 | 約 1GB 程度必要 |
| GPU | OpenGL3.3 相当かそれ以上（※ 3） | OpenGL3.3 相当かそれ以上（※ 3） |
| ディスプレイ | 1,440 × 900 ピクセル以上、32bit カラー以上<br>（推奨 1,920 × 1080 ピクセル） | 1,440 × 900 ピクセル以上、32bit カラー以上<br>（推奨 1,920 × 1080 ピクセル） |
| 入力対応フォーマット | PSD、PNG、WAV | PSD、PNG、WAV |
| 出力対応フォーマット | PNG、JPEG、GIF、MP4、MOV | PNG、JPEG、GIF、MP4、MOV |
| インターネット接続環境 | ライセンス認証が必要なため必須 | ライセンス認証が必要なため必須 |

※ 1　macOS のみ幅 4096 ピクセル、高さ 2304 ピクセルのいずれかを超えた場合、動画書き出しを行うことができません。
※ 2　Apple M シリーズチップを搭載した機種の場合は Apple M シリーズ対応 Cubism Editor をインストールする必要があります。
　　　Intel 版 Cubism Editor をインストールした際、Rosetta 2 上での動作となります。
※ 3　オンボードの GPU（Intel HD Graphics など）では正常に動作しない可能性があります。
※ macOS に一部のソフトウェアがインストールされている場合、Cubism 4 Editor が正常に動作しない場合があります。詳細はこちら。
※ PSD データ作成時は、以下の描画ツールを推奨しております。Photoshop（アドビ株式会社）、CLIP STUDIO PAINT（株式会社セルシス）
　　詳細は、株式会社 Live2D の Web サイトをご覧ください。

　これらの注意事項をご承諾いただいたうえで、本書ご利用願います。これらの注意事項をお読みいただかずに、お問い合わせいただいても、技術評論社および著者は対処しかねます。あらかじめ、ご承知おきください。本文中に記載されている製品名、会社名、作品名は、すべて関係各社の商標または登録商標です。本文中では ™、® などのマークを省略しています。

# はじめに

『Live2D モデリング＆アニメーション Tips』をお手にとっていただき、誠にありがとうございます。

本書は、中級〜上級の Live2D クリエイターを目指すための Tips（ヒント）を集めた一冊です。
著者には、唐揚丸さん、乾物ひものさん、ののん。さん、fumi さん（五十音順）という第一線で活躍している Live2D クリエイター 4 名をお呼びし、日常的に使っているちょっとしたテクニック、クオリティアップや時短につながるマル秘テクニックなどを紹介いただきました。キャラクターモデルや背景モデルのモデリングはもちろん、アニメーション制作にいたるまで、バラエティに富んだ内容となっています。

本書が、ワンランク上の制作物を作るためのヒントとなれば幸いです。

2024 年 8 月　編者　難波智裕（株式会社レミック）

## 唐揚丸

背景における Live2D の活用方法をご紹介させていただきました。世界観をよりよく演出するためのアート要素の強い内容もございますが、キャラクターモデリングとはまた違ったアプローチとして楽しんでいただけましたら幸いです。

## 乾物ひもの

主にキャラクターモデリングや物理演算についての Tips を担当させていただきました。基礎的なツールの使い方から、応用的な裏技まで幅広くご紹介しています。少し複雑なテクニックもございますが、ぜひ何度も読み込んで実際にチャレンジしていただければ幸いです！

## ののん。

本をお手に取ってくださりありがとうございます。今回の内容は特に X（旧 Twitter）などで人気だった記事の紹介やそれ以外にも初公開の Tips などをできるだけわかりやすく簡潔にまとめてみました。この Tips が小さなアイデアのキッカケや Live2D 創作の手助けになれればうれしいです。

## fumi

配信用モデルの Tips に加えて 1 枚イラストをアニメーションさせるちょっとしたコツや意識すると制作する際に良いことをまとめてみました！
Live2D の表現の幅が広がるお手伝いが少しでもできればうれしいです。

# 本書の使い方

本書の構成は、Part1 と Part2 に分かれています。パーツ別の動きのコツ、背景、物理演算まで
Live2D クリエイターに役立つすぐに使える時短ワザや、
上級テクニックなどの 101 個のヒントを示します。

Part1 ……………… インターネット配信を想定した Live2D モデルを中心とした Tips です。
　　　　　　　　　後半では、ゲームや映像を意識したキャラクターモデルに関しても解説します。

Part2 ……………… 自然表現や室内表現といった、動く背景モデルの Tips を解説します。

## 本書の見方

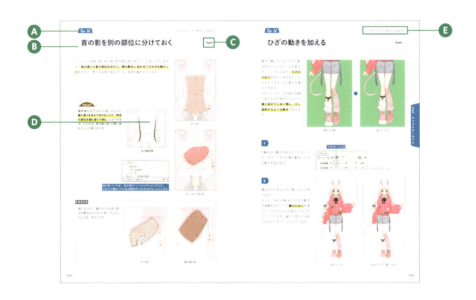

**A　Tips 番号**

Tips は合計 101 個あります。

**B　Tips 名**

取り上げる Tips のタイトルです。

**C　著者名（Tips 解説者）**

Tips を解説している著者の名前が記載されています。

**D　解説**

文章と図による解説です。

**E　クレジット表記**

イラストやモデルの著作権者、制作者などのクレジットが記載されています。なお、Tips 解説者がすべての権利を有している場合は記載していません。

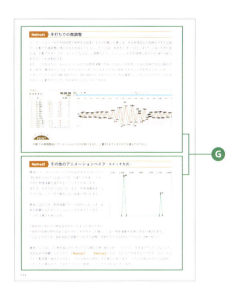

### F  STEP 解説

文章と図による解説です。解説の頭に手順番号が振られています。

### G  メソッド解説

Tips に関わる異なる複数の解説があるときは「Method1」「Method2」のように項目を分けています。

### H  POINT

Live2D Cubism Editor に関する、役立つテクニックや小技、知っておくと便利なマメ知識を記載しています。

### I  CHECK

Live2D に関すること以外の、役立つテクニックや小技、知っておくと便利なマメ知識を記載しています。

---

## Windows版とmacOS版のキー表記の違い

キーボードのキーは CTRL や Z のように書かれています。本書は Windows 版で解説しており、macOS 版の場合、キーの表記を下記に置き換えて読み進めてください。

| Windows | macOS |
| --- | --- |
| CTRL | command |
| ALT | option |

# ダウンロードファイルについて

本書の一部作例ファイルは、小社 Web サイトの本書専用ページよりダウンロードできます。
ダウンロードの際は、記載の ID とパスワードを入力してください。
ID とパスワードは半角の英数字で正確に入力してください。

## ファイルのダウンロード方法

**1** Web ブラウザを起動して、下記の本書 Web サイトにアクセスします。

https://gihyo.jp/book/2024/978-4-297-14429-6

**2** Web サイトが表示されたら、[本書のサポートページ] のボタンをクリックしてください。

**3** 作例データのダウンロード用ページが表示されます。下記 ID とパスワードを入力して [ダウンロード] ボタンをクリックしてください。

アクセスID……Live2D_Tips
パスワード……Qk9CRwUE

**4** ブラウザによって確認ダイアログが表示されますので、[保存] をクリックすると、ダウンロードが開始されます。macOS の場合には、ダウンロードされたファイルは、自動解凍されて「ダウンロード」フォルダに保存されます。

**5** ダウンロードフォルダに保存された ZIP ファイルを右クリックして、[すべて展開] をクリックすると、展開されて元のフォルダになります。

### ダウンロードの注意点

・ファイル容量が大きいため、ダウンロードには時間がかかります。ブラウザが止まったように見えてもしばらくお待ちください。

・インターネットの通信状況によってうまくダウンロードできないことがあります。その場合はしばらく時間を置いてからお試しください。

・ご使用になる OS や Web ブラウザによって、操作が異なることがあります。

・macOS で、自動解凍しない場合には、ダブルクリックで展開することができます。

## ダウンロードファイルの内容

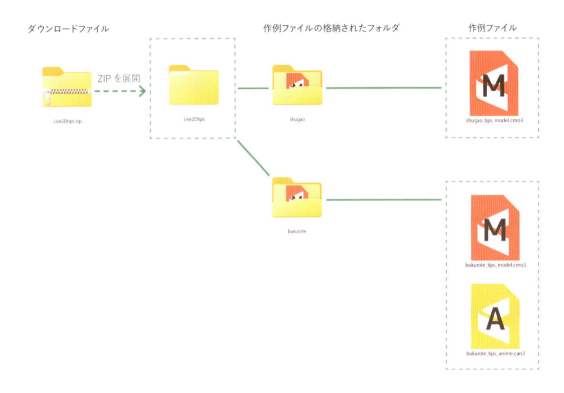

- ダウンロードした ZIP ファイルを展開すると、作例ファイルの格納されたフォルダが現れます。
- 「shugao」フォルダの作例は、Tips 34、35、36、37、61、62 で使用しています。
- 「bukurote」フォルダの作例は、Tips 63、64、65、66、67、68、69、70 で使用しています。

## ダウンロードファイルの使い方

### 1 .cmo3（Live2D モデルデータ形式）ファイル

Live2D Cubism Editor のモデリングワークスペースでご利用ください。

### 2 .can3（Live2D アニメーションデータ形式）ファイル

Live2D Cubism Editor のアニメーションワークスペースでご利用ください。
※使用ファイルが見つからず、ファイルの置き替えを要求される場合があります。その場合は、該当のファイルを指定してください。

### 3 .mp4（MP4 形式）ファイル

Windows Media Player や QuickTime などのメディアプレーヤーでご利用ください。なお、PC の環境によっては、インストールされているコーデックの関係でご利用いただけない場合があります。

**ファイル利用の注意点** ファイル利用の前に同封されている「ファイルご使用の前にお読みください .txt」ファイルを必ずお読みください。

## Contents

免責・注意事項　002

はじめに　003

本書の使い方　004

ダウンロードファイルについて　006

Live2D Cubism Editor の基本機能　012

## Part1　キャラクターモデル　017

Tips 1　おすすめのイラストサイズ　018

Tips 2　Live2D Cubism の左右　019

Tips 3　バウンディングボックスを消す　019

Tips 4　中心線を引く　020

Tips 5　アートメッシュは、互い違いに綺麗な三角形を意識する　021

Tips 6　メッシュを線画に沿って綺麗に割る　022

Tips 7　メッシュを材質や立体に合わせて割る　023

Tips 8　円形メッシュを綺麗に割る　024

Tips 9　ストロークでメッシュを割る　026

Tips 10　イラストをキャンバスの真ん中に配置する　027

Tips 11　メッシュの自動生成のおすすめ数値　029

Tips 12　ミラー編集で左右対称モデリング　030

Tips 13　閉じ口と開け口の形の早見表　032

Tips 14　効率的なあいうえおの作り方　033

Tips 15　簡単に輪郭の影を付ける　034

Tips 16　片目制作による時短法　036

Tips 17　閉じ目の違和感を減らす①　〜まつ毛のワンポイント　038

Tips 18　閉じ目の違和感を減らす②　〜閉じ目の位置の調整　041

Tips 19　閉じ目の違和感を減らす③　〜閉じ目の横幅の調整　042

Tips 20　閉じ目の違和感を減らす④　〜眼球の位置の調整　044

| Tips 21 | 閉じ目の違和感を減らす⑤ 〜眼球の幅とパースの調整 | 046 |
| Tips 22 | 閉じ目の違和感を減らす⑥ 〜ハイライトを見せる | 047 |
| Tips 23 | クリッピングとマスクの反転を同時に使う | 048 |
| Tips 24 | ブレンドシェイプの基本 | 059 |
| Tips 25 | ブレンドシェイプで揺れものを作る | 062 |
| Tips 26 | ブレンドシェイプの重み | 064 |
| Tips 27 | ブレンドシェイプで表情差分を作る | 065 |
| Tips 28 | ブレンドシェイプを角度 XY に活用する | 068 |
| Tips 29 | 物理演算でより効果的に動きを付ける | 077 |
| Tips 30 | 物理演算を使って体の動きを顔の動きに追従させる | 084 |
| Tips 31 | トラッキング用、物理演算用でパラメータを分ける | 091 |
| Tips 32 | バウンド用・遅延用のパラメータを作る | 094 |
| Tips 33 | 遅延表現でリアルに見せる | 099 |
| Tips 34 | まばたきをしたときのまつ毛の揺れを作る | 100 |
| Tips 35 | 呼吸に合わせた動きを作る | 102 |
| Tips 36 | 首の影を別の部位に分けておく | 104 |
| Tips 37 | ひざの動きを加える | 105 |
| Tips 38 | 後ろ髪の側面を作る | 106 |
| Tips 39 | つむじや結び目は別パーツにする | 107 |
| Tips 40 | うなじを作ってバランスよくなじませる | 108 |
| Tips 41 | スキニングを使った髪揺れ | 109 |
| Tips 42 | リアルでリッチな胸揺れ | 111 |
| Tips 43 | 肉感を意識した胸の揺れを作る | 116 |
| Tips 44 | 胸の立体感を補強する | 117 |
| Tips 45 | パーツ分けされていない指を動かす | 120 |
| Tips 46 | スカートに裏地を付ける | 122 |
| Tips 47 | アクセサリーなどのパーツを簡単に光らせる | 123 |
| Tips 48 | 光の反射を簡単に表現する | 125 |
| Tips 49 | ケモミミの揺れを簡単に作る | 126 |
| Tips 50 | 編集レベル 1、2、3 の使い分け | 127 |
| Tips 51 | 編集レベル 2 と 3 を使って口を簡単に作る | 129 |

| Tips 52 | マルチキー編集を使いこなす | 129 |
| Tips 53 | 角度 Z の変形を簡単に作る | 130 |
| Tips 54 | 変形を無効にする | 132 |
| Tips 55 | パラメータのキーを自由自在に選択する | 133 |
| Tips 56 | パラメータキー 3 点以上の動きをなめらかにする | 134 |
| Tips 57 | テクスチャアトラスの角度、倍率 | 137 |
| Tips 58 | 目的のパーツを簡単に選択する | 137 |
| Tips 59 | 複数のパーツを簡単に選択する | 138 |
| Tips 60 | テンプレートの基本 | 139 |
| Tips 61 | パラメータ・物理演算のテンプレート | 140 |
| Tips 62 | モデル用画像と原画画像を使った時短法 | 144 |
| Tips 63 | 動画で何を見せるか考える | 151 |
| Tips 64 | 絵コンテを作る | 152 |
| Tips 65 | ビデオコンテを作る | 153 |
| Tips 66 | 動画でのキャラクターモデリング | 155 |
| Tips 67 | キーフレーム作成のコツ | 156 |
| Tips 68 | グラフを使った緩急の付け方 | 158 |
| Tips 69 | パラメータのコピー＆貼り付けを使った時短テクニック | 159 |
| Tips 70 | ラベル色を使ったフォルダとパーツ管理 | 160 |
| Tips 71 | 素材分け Photoshop プラグイン | 161 |
| Tips 72 | AE プラグイン | 161 |
| Tips 73 | 「nizima LIVE」でモデルを動かす | 162 |
| Tips 74 | 「nizima」でモデルを販売する | 162 |

# Part2 背景モデル　163

| Tips 75 | レイヤー構成のススメ | 164 |
| Tips 76 | 汎用素材を用意する | 166 |
| Tips 77 | 汎用素材の活用 | 167 |

| Tips 78 | 複製2点ループの作成 | 170 |
| Tips 79 | 複製2点ループの応用 | 177 |
| Tips 80 | リピートグラデーション | 186 |
| Tips 81 | 回転するリピートグラデーション | 189 |
| Tips 82 | リピートパラメータのおすすめ数値 | 191 |
| Tips 83 | 色変更グラデーション | 192 |
| Tips 84 | 消灯差分を作る | 194 |
| Tips 85 | 原画を修正せずにオブジェクトの透明度を調整する | 197 |
| Tips 86 | 照明器具のパーツ分けのコツ | 199 |
| Tips 87 | 光の動きを足してリッチに | 201 |
| Tips 88 | 光のゆらぎを作る | 203 |
| Tips 89 | 同じ素材を違和感なく再配置する | 204 |
| Tips 90 | 移動用パラメータで表現をより豊かに | 206 |
| Tips 91 | 魚を泳がせるアニメーション | 209 |
| Tips 92 | 魚群のアニメーション | 214 |
| Tips 93 | 植物の揺れモデリング | 219 |
| Tips 94 | 雷の表現 | 221 |
| Tips 95 | 画面遷移するモニターを作る | 227 |
| Tips 96 | 背景アニメーションにおけるアニメーションベイクのコツ | 229 |
| Tips 97 | 背景差分の効率的な作り方と差し替え | 235 |
| Tips 98 | 簡単な手付けアニメーション | 239 |
| Tips 99 | ループアニメーション処理のコツ | 245 |
| Tips 100 | 基準値のキーを一括で打つ | 248 |
| Tips 101 | 動く背景におけるトラッキングソフト活用 | 249 |

| Index（索引） | 254 |
| 著者紹介 | 255 |

© しゅがお（[X] @haru_sugar02）

fumi

# Live2D Cubism Editor の
# 基本機能

## モデリングワークスペース

Live2D Cubism Editor を起動すると、モデリング作業を行う「**モデリングワークスペース**」が表示されています。素材イラストを読み込んで、動きの範囲を設定する「**モデリング**」作業を行うためのワークスペースです。

下図は、モデリングワークスペースの画面です。

> モデリングワークスペースは、ツールバーの［ワークスペースの切り替え］が［モデリング］となっている

❶ **メニュー**
「ファイル」「編集」「表示」などの操作項目が用意されています。

❷ **ツールバー**
モデリングで使用するさまざまなツール機能が用意されています。

❸ **パレット**
アートメッシュやデフォーマといったオブジェクトの管理やツールの詳細設定などの用途ごとにパレットが用意されています。

❹ **ビューエリア**（モデリングビュー）
作成中のモデルが表示されるエリアです。

## アニメーションワークスペース

ツールバーの［ワークスペース切り替え］で「アニメーション」を選択することで「**アニメーションワークスペース**」に切り替えられます。ここでは、モデリングしたキャラクターに演技や表情といったモーションを付け、「**アニメーション**」を作成していきます。
下図は、アニメーションワークスペースの画面です。

アニメーションワークスペースは、ツールバーの［ワークスペースの切り替え］が［アニメーション］となっている

❶ **メニュー**
モデリングワークスペースと同様のメニューです。

❷ **ツールバー**
アニメーションワークスペースでは、［ワークスペース切り替え］［編集レベル切り替え］「ホームを開く」［nizima リンク］以外を選択できません。

❸ **パレット**
モデリングワークスペースと同じパレットのほか、シーンパレット、テンプレートパレットが用意されています。

❹ **ビューエリア**（アニメーションビュー）
ここで動きを確認しながらアニメーションを作成していきます。

❺ **タイムラインパレット**
モデルが「どのタイミングで、どんな動きをしているか」を設定できます。アニメーションの作成は、ほとんどの作業をタイムラインパレットで行います。

## アートメッシュ

Live2D Cubism Editor に読み込んだ素材イラストの部位に作成される「**頂点**」と、頂点と頂点をつなぐ「**エッジ**」で構成された**多角形の集合（メッシュ）で分割された画像のことを「アートメッシュ」と呼称**します。Live2D Cubism Editor 上に読み込んだばかりの素材イラストの各部位をクリックしてみると、頂点の数を最小限に抑えたアートメッシュが作成されています。

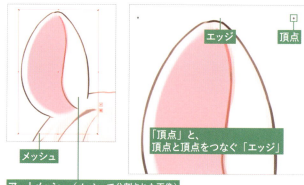

このアートメッシュを変形、移動させることで各部位の動きを作っていきますが、デフォルトの状態では、思い描いた動きにならないはずです。そこで、この**アートメッシュのメッシュを格子状に分割し、より細かい動きを作成できるようにし**ていく必要があります。

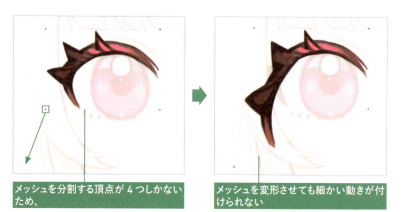

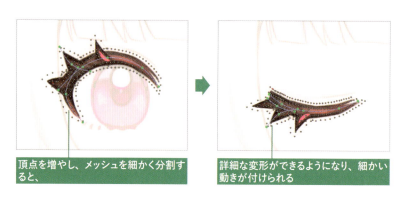

アートメッシュの編集時には、主に 2 つのツールを使います。

### ❶メッシュの手動編集
クリックで頂点を打つことで、好きな形状のメッシュを作成できるツールです。また、すでに打ってある頂点を移動させることで、メッシュ自体の編集もできます。また、ドラッグしながらメッシュを作成できる「ストロークによるメッシュ割り」という機能もあります。作業中は「**メッシュ編集モード**」となります。

### ❷メッシュの自動生成
表示される[メッシュの自動生成]ダイアログの設定に基づいて、メッシュを自動で分割できるツールです。各設定値は、手動で入力してもいいですし、用意されているプリセットから選ぶこともできます。

## パラメータ

**アートメッシュやデフォーマといったオブジェクトの動きは、「パラメータ」の設定で作成**します。パラメータパレットで項目ごとに設定でき、**各オブジェクトの変形度合いを数値で結び付けることで動きを表現**していきます。

たとえば下図は、[右目 開閉] という項目で、パラメータのキーの値が1.0のときに「目を開く」、値が0.0のときに「目を閉じる」の動きになるよう設定しています。

パラメータパレット

Live2D Cubism Editor では、アートメッシュやデフォーマなど、キャンバス上に配置されたものを「**オブジェクト**」と総称しています。

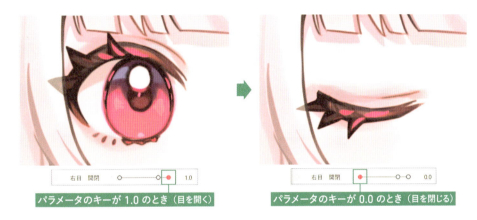

パラメータのキーが 1.0 のとき（目を開く）　　パラメータのキーが 0.0 のとき（目を閉じる）

このように、各オブジェクトに動きをつけていくためには、パラメータに「**キー**」を追加する必要があります。

**追加したキーの位置でオブジェクトを変形させることで、動きを設定**できます。

ここでは、パラメータの一番左のキー（パラメータ値 0.0）で、オブジェクトを変形させています。

❶変形後のキーを選択

キーの追加は、[キーの2点追加] や [キーの3点追加]、または [キーフォーム追加] ボタンで行います。[キーフォーム編集] ボタンで表示される、キーフォーム編集ダイアログでも追加できます。

❷変形

❸任意の変形が選択したキーの値に記録される

015

## ワープデフォーマ

均等な比率で動かしたい部位や大きな部位を動かしたいときに便利なのが「デフォーマ」です。**デフォーマを使うと、頂点をまとめて動かすことができる**ため、手間を減らしながら変形できます。

デフォーマの中にはアートメッシュが入っている状態になりますが、上位の階層にあるデフォーマを「**親**」、下位の階層にあるアートメッシュを「**子**」と呼びます。デフォーマの中に子のデフォーマを入れることもできます。

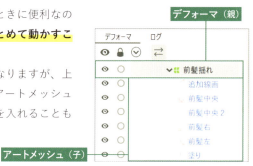

デフォーマパレット

Live2D Cubism Editor では大きく2種類のデフォーマがあり、そのうちの1つが「ワープデフォーマ」です。親となるワープデフォーマの中にアートメッシュを入れると、**ワープデフォーマを動かすだけで中にあるアートメッシュを綺麗に変形**できます。**複数のアートメッシュをまとめてワープデフォーマで変形させることもできる**ので、髪や服の揺れ、顔の向きを変える動きを付ける際に便利です。

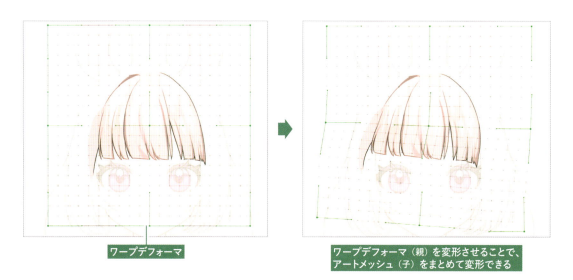

## 回転デフォーマ

回転デフォーマは、オブジェクトを回転できるデフォーマです。**親となる回転デフォーマの中にオブジェクトを入れると、子であるオブジェクトをまとめて回転**できます。回転の基点となる位置も自由に設定でき、**腕や手の自然な動きや首を傾げる動きを簡単に作成**できます。

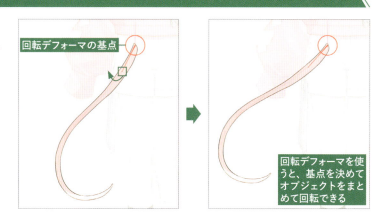

## Part 1

# キャラクターモデル

インターネット配信用モデルのクオリティをアップさせるテクニックや
作業の時短方法などの Tips を紹介します。
後半では、描いたイラストを動かしたり、ゲームや映像で使える
キャラクター立ち絵のモデリングやアニメーションのテクニックも解説します。

Tips 1 © しゅがお（[X] @haru_sugar02）

# おすすめのイラストサイズ

fumi

配信用モデルは正面を向いたキャラクターが一般的です。キャラクターを描くキャンバスのサイズは、**横3000〜6000px×縦4500〜9000px**、解像度**350dpi** がおすすめです。

## CHECK

CLIP STUDIO PAINT は株式会社セルシスが開発・提供するペイントソフトです。Live2D Cubism Editor に読み込める **psd ファイル形式で保存**でき、正面のイラストを描くときに便利な**左右対称で描画ができる機能**が搭載されています。

**CLIP STUDIO PAINT 公式サイト**
https://www.clipstudio.net/ja/

CLIP STUDIO PAINT の
キャンバス新規作成ダイアログ

キャラクターイラストは、**キャンバスの中心に描く**ようにしましょう。正面を向いた左右対称のキャラクターを描きやすく、さらに［Tips 4］で解説する中心線を引くときにも便利です。
イラストレーターに依頼するときもあらかじめ伝えておくと良いでしょう。

**右のモデルは、横3500px×縦7000px、解像度350dpi で作成**

CLIP STUDIO PAINT では、CTRL＋Rキーを押すと、キャンバスの上と左に数値のバー（**ルーラー**）が表示されます。このルーラーをドラッグ＆ドロップするとガイド線を出すことができます。
ガイド線をオブジェクトツールで選択すると、ツールプロパティパレットでガイド線を数値で移動できます。今回であればキャンバスの横サイズが 3500px なので、「中心 X」の数値に半分の 1750px と入れるとガイド線を中心に移動できます。

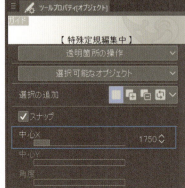

ガイド線を選択した状態の
ツールプロパティパレット

ルーラーから
ガイド線を出す

**キャンバスの中央に描く**

Tips 2

# Live2D Cubism の左右

ののん。

Live2D Cubism 上でのキャラクターの左右は、画面をそのまま見るのではなく、キャラクターからの視点を基準にして見ていきます。つまり、キャラクターの**右側が「左」、左側が「右」**になります。
ここを間違えてしまうとトラッキングソフトの標準設定が逆になってしまうため、作業をする前にしっかりと覚えておきましょう。

### CHECK

イラストレーターに絵を依頼するときに、**左右に分かれている部位のレイヤー名の付け方にルールを決めて**おくと、効率よく対応ができます。
なお、筆者は「←」「→」の矢印表記がわかりやすく好きです。

Tips 3

# バウンディングボックスを消す

ののん。

ワープデフォーマなどを編集している際に、真ん中を編集したいなどバウンディングボックスが編集の妨げになる場面があります。たとえば、ワープデフォーマの中心を触れないときは、バウンディングボックスの右下に付いている**☒をクリック**することでバウンディングボックスを消すことができます。

### POINT

**赤枠を消す場合、ショートカットキーを設定**することで、キー操作で消すこともできます。設定は、[ファイル]メニュー→[キーボードショートカット]で行います。

ショートカット設定ダイアログ

## Tips 4

# 中心線を引く

ののん。

ガイド線機能を使って中心線を引くことができます。右図のように線が表示されるので、**左右対称でのモデリングをする際に視覚的に真ん中を見る**ことができ、迷わずに作業ができます。効果的な使い方として、中心線に合わせてワープデフォーマや回転デフォーマを配置することで、左右対称のモデルの場合であれば片方を作ることで反対側を作成できます。

中心線

### 1

[表示] メニュー→ [ガイド] → [ガイド（モデリングビュー）の設定] を選択します。

### 2

ガイド設定ダイアログが表示されるので、[新規ガイド] をクリックし、「種別」を「垂直」にして中心線を作成します。中心線の「位置」は、たとえば、キャンバスサイズの横幅が 5000px とすると、2 で割った 2500px がキャンバスの真ん中になります。そのため、この場合は「2500」と入力することで、中心線を引くことができます。

線の色は、「色」の項目で自由に設定できます。

### 3

左右の目や体などのワープデフォーマを作る際に、中心線に合わせます。たとえば目の場合は、右図のようにワープデフォーマの中心に線がくるようにします。

中心線が表示されない場合は、[表示] メニュー→ [ガイド] → [ガイドを表示（モデリングビュー）] にチェックを入れます。

Tips 5

衣装デザイン：樋口このみ（[X] @CO_NO2162）

# アートメッシュは、
# 互い違いに綺麗な三角形を意識する

乾物ひもの

メッシュとは、部位を変形する際に作成する、点（頂点）と線（エッジ）で構成された三角形（ポリゴン）の集合のことです。そして、メッシュが割り当てられた状態の画像を「アートメッシュ」と呼びます。メッシュは自動生成が可能ですが、「綺麗に動かしやすいアートメッシュ」の法則を覚えておくと、自動生成すべきところ、手動生成すべきところの見極めが可能となり、クオリティアップと効率化につながります。ぜひマスターしましょう。

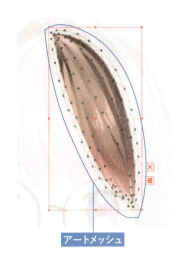

アートメッシュ

Cubism5.0からはメッシュの自動生成機能が大きく強化され、単純な形のアートメッシュであれば自動生成だけで「綺麗なメッシュ」を作れるようになりました。しかし、複雑な形のアートメッシュの場合は、手動で調整する必要があります。

眉毛、口でAとBの異なるアートメッシュを用意しました。「綺麗で動かしやすいメッシュ」はどちらだと思いますか？　正解はAです。Aは、**「軸となる真ん中の頂点」**と**「周りを囲む頂点」**が互い違いになっており、**正三角形、もしくは二等辺三角形**に近い綺麗な形をしています。眉毛のような単純な部位の変形ならば、AとBでクオリティに大きな違いは出ませんが、口のように大きく動かす部位の場合は、メッシュの割り方によってクオリティに大きな差が出てしまいます。

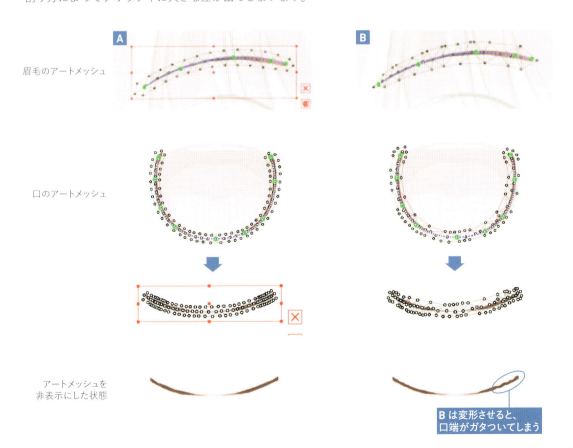

眉毛のアートメッシュ

口のアートメッシュ

アートメッシュを
非表示にした状態

Bは変形させると、
口端がガタついてしまう

021

Tips 6

衣装デザイン：樋口このみ（[X] @CO_NO2162）

# メッシュを線画に沿って綺麗に割る

乾物ひもの

眉毛や下唇など、「線状のアートメッシュ」を動かすだけであれば、[Tips 5]の法則に気を付けるだけで十分です。しかし、まつ毛や輪郭、髪の毛など、厚みのある部位のアートメッシュを大きく複雑に動かす場合、それだけでは変形が難しいことが多いです。そんなときに効果的なメッシュの割り方を解説します。

## Method1　まつ毛のメッシュ

まつ毛の境界をぐるっと囲み、さらにその周りを囲んで、**4列**でメッシュを割ります。これで、繊細な変形が可能となります。4列でメッシュを割る場合も、[Tips 5]で解説した**互い違いで三角形を作る**ことを意識します。

綺麗に変形できる

上から2列目、3列目の頂点を打つ場所は、「部位の境界ピッタリ」ではなく「**部位の境界より少し内側**」にします。たとえば、まつ毛のような元が大きくカーブを描いているアートメッシュの場合、境界ピッタリに頂点を打ってしまうと、逆側にカーブさせたときに形がゆがんでしまいます。

2列目、3列目の頂点は、部位の境界より少し内側

## Method2　顔の輪郭のメッシュ

顔の輪郭のように、塗りと線画がハッキリしているアートメッシュの場合は、線画の内側にも**1周分頂点を増やす**と良いです。線画の内側の頂点があることで、変形させたときに線画がにじんだり、太くなったりした場合に修正が容易になります。逆に、べた塗り部分はいくら点を打って変形しても見た目は変わりませんので、**内部の点は最小限**で構いません。

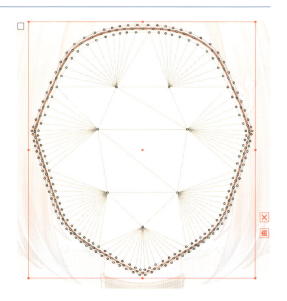

グラデーションの場合は、なるべく**等間隔**に頂点を打ちます。メッシュの自動生成をしてから、境界部分だけ手動で調整する方法がおすすめです。

# メッシュを材質や立体に合わせて割る

乾物ひもの

［Tips 5］［Tips 6］のノウハウは、すべての部位に通用する基本的なアートメッシュの考え方ですが、基本のノウハウというものには、「例外」がつきものです。ここでは、金属や宝石などの硬い材質の部位や、丸みのある部位などのメッシュの割り方のコツを解説します。

## Method1　硬い材質の部位のアートメッシュ

硬い材質の部位は、基本に則って丁寧にメッシュを割ると、直線的に変形させることが難しくなってしまいます。そこで、**直線的な部分の頂点を極力減らして、変形そのものを簡潔にする**ことがポイントになります。

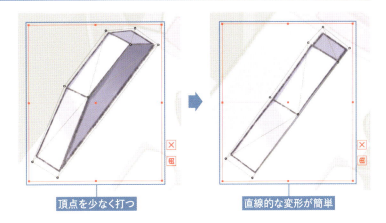

## Method2　丸みのある部位のアートメッシュ

丸みのある部位の**真ん中に1つだけ頂点を打つ**と、変形が楽になります。丸い部分の頂点を少し動かしてやるだけで、簡単に立体感のある丸みを表現できます。

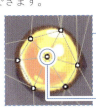

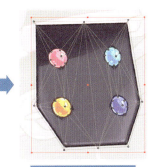

### POINT

真ん中の頂点が1つだと形がゆがんでしまう場合は、瞳孔や影、**ハイライトに沿って内側にも頂点を打って**あげると良いでしょう。

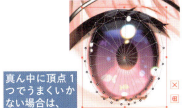
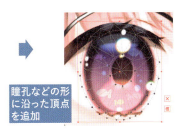

## Tips 8

# 円形メッシュを綺麗に割る

ののん。

きれいな**円形のメッシュを簡単に割る**方法を紹介します。

参考動画
https://x.com/nonon_yuno/status/1676442731189784576

### 1

メッシュの頂点を結ぶエッジ（線）を削除します。4つの頂点のみになったら、すべて選択した状態にしてコピーします。

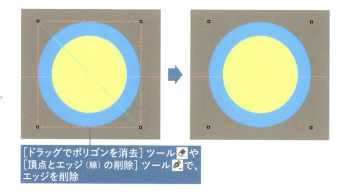

［ドラッグでポリゴンを消去］ツールや［頂点とエッジ（線）の削除］ツールで、エッジを削除

### 2

コピーしたメッシュの頂点を貼り付け、[SHIFT]キーを押しながら45度間隔で回転させていきます。

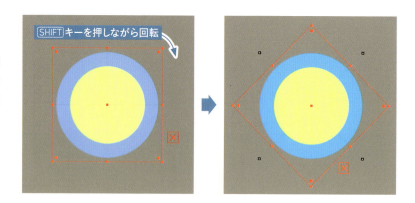

[SHIFT]キーを押しながら回転

### 3

回転させた頂点をすべてを選択してコピーして貼り付けます。2と同じように回転させますが、頂点と頂点が等間隔に近くなるように手動で調整します。

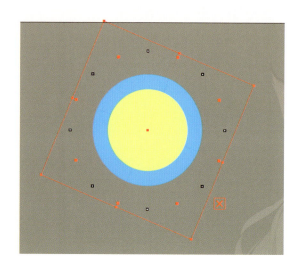

### 4

もう一度すべての頂点をコピーして貼り付けます。頂点の間隔を調整したら、すべての頂点を選択し、[SHIFT]キーを押しながら頂点を縮小させて円に合わせます。

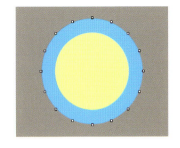

### 5

すべての頂点をコピーし、さらに貼り付けます。ここでは、内側の円と円の外側用の頂点を用意しています。

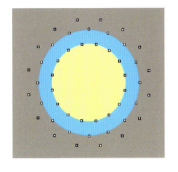

### 6

右図のように頂点を配置し、真ん中に頂点を追加します。さらに円を囲むように頂点を4つ打ちます。

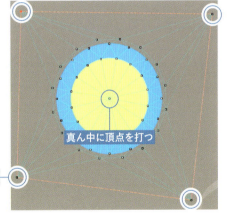

### 7

[自動接続]を行い、すべての頂点をつなぎます。周りに配置した頂点を削除して完成です。

ツール詳細パレット

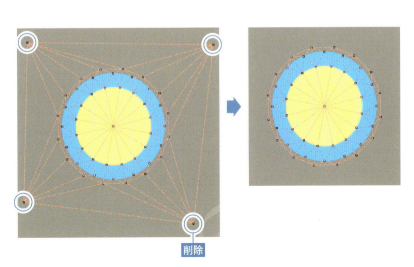

## Tips 9

# ストロークでメッシュを割る

ののん。

［ストロークによるメッシュ割り］の機能を使うと、**部位に沿って引いた線から自動でメッシュが作成**できます。直線的なメッシュ打ちをする場合にとても便利です。作業がしやすくなりますので、ぜひ覚えておきましょう。

参考動画
https://x.com/nonon_yuno/status/1681499224297582592

### 1

ツールバーで［メッシュの手動編集］を選択（P.14）し、メッシュ編集画面で、ツール詳細→［ストロークによるメッシュ割り✒］をクリックします。部位に沿って線を引くと、自動でメッシュが作成されます。

**POINT**

曲線の部位の場合、**線に沿って点を打つようにストロークする**と、とてもきれいに曲げることができます。場合によっては一気に線を引くよりもやりやすいので、ぜひ試してみてください。

### 2

このままだと形が整っていないので、調整して綺麗にしていきます。まず、ツール詳細パレットの［メッシュ割り設定］→［メッシュ幅の頂点数］を「3」に変更します。頂点数が変わったことでメッシュの形が変わりました。頂点数は「1」「2」「3」の中から変更できますが、**「3」が一番メッシュの細かい調整がしやすい**ため、おすすめです。

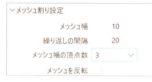
ツール詳細パレット

頂点数が変わる

### 3

次にメッシュの形を調整します。青い丸の部分を CTRL **キー＋クリックで動かすとメッシュの幅を直感的に変える**ことができます。緑の点をクリックしたまま動かすと、メッシュの頂点の位置を移動できます。頂点は**クリックで追加**、ALT **キー＋クリックで削除**できます。

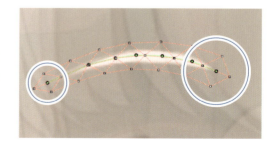

**POINT**

ツール詳細パレットの［メッシュ割り設定］からも、数値を入力することでメッシュ幅を変更できます。［繰り返しの間隔］の数値を変更するとメッシュの数を調整できます。自分がちょうど良いと感じる設定を見つけましょう。

## Tips 10
# イラストをキャンバスの真ん中に配置する

ののん。

Live2D Cubism で作業する前に必ず確認する項目が2つあります。1つ目は**イラストの横幅サイズが偶数になっているか**、2つ目は**イラストがキャンバスの真ん中にあるか**です。**サイズが偶数であれば2で割った数値が真ん中**になります。**イラストを真ん中に配置できれば、左右どちらかで作った動きを反転することでもう片方の動きも作ることができる**ため、より効率よく綺麗にモデリングできます。

参考動画
https://x.com/nonon_yuno/status/1668815533989564416

### 1

psd ファイル形式のイラストデータの横幅サイズが偶数になっているかを確認した後、ビューエリアと psd ファイル画像が同じサイズであるか確認します。
ビューエリアの真ん中あたりで右クリック→［ガイド］→［垂直線を追加］で垂直線を表示します。
次に［ガイド］→［ガイド設定を開く］でガイド設定を表示、［位置］にビューエリアの横幅サイズを2で割った数値を入力します。これでビューエリアの真ん中に中心線が引かれます。

### POINT

横幅のサイズが奇数だった場合は偶数に変更します。このとき必ず**イラストレーターに変更内容を共有**しましょう。

Photoshop の画像解像度ダイアログ

ガイド設定ダイアログ

Part1 キャラクターモデル

027

### 2

真ん中からずれているイラストを中心に移動します。このままずらしてしまうとパーツの差し替え時にずれてしまうため、すべてのパーツを選択した後、回転デフォーマでまとめます。

### 3

位置調整用の新規パラメータを作成します。［範囲］の最小値は 0.0、最大値は 1.0 にします。
回転デフォーマをイラストの中心に配置し、位置調整用のパラメータの 0.0 と 1.0 にキーを打ちます。中心線に合わせて回転デフォーマを配置します。これでパーツずれを起こすことなくイラストを中心に移動できます。

**POINT**

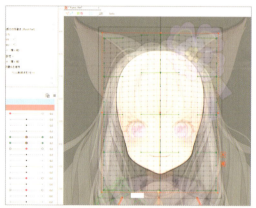
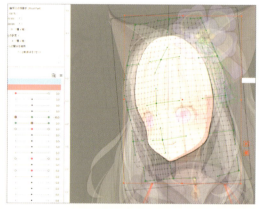

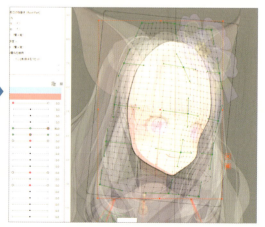

==ワープデフォーマを配置する際も中心線に合わせて配置する==と、片方の動きを作った後に反転するだけでもう片方の動きを作ることができます。たとえば上図の場合、中心線に合わせて輪郭のワープデフォーマを配置し、左側の動きを作成した後［モデリング］メニュー→［パラメータ］→［動きの反転］で右側に同じ形のワープデフォーマを作成できます。

Tips 11

# メッシュの自動生成のおすすめ数値

ののん。

Live2D Cubism 5.0ではメッシュ割りの機能が強化され、[メッシュの自動生成] (P.14) でも見栄えの良いメッシュが作れるようになりました。すべて自動生成してもそこそこ仕上がりの良いモデルが作れる場合もあります。デフォルトの数値のまま自動生成でも良いのですが、数値をカスタマイズすることでより完成度の高いメッシュが作れます。ここでは**メッシュを自動生成する際のおすすめ数値**を、メッシュの細かさ順に小、中、大の3つ紹介します。キャンバスサイズやパーツの大きさにもよりますが、この3つのうちのどれかを使うことで簡単にメッシュを作ることができるので、試してみてください。

●細かさ（小）

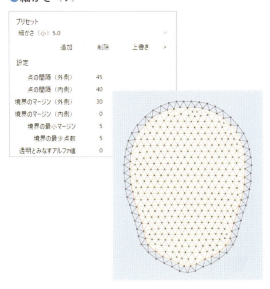

●細かさ（中）

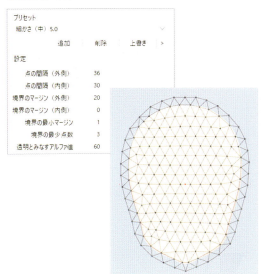

●細かさ（大）

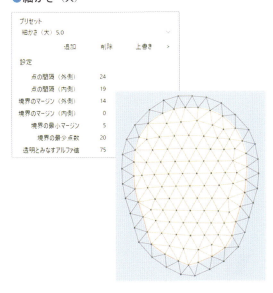

機能が強化されたとはいえ、メッシュの手動編集と比べるとどうしても仕上がりが劣ってしまいます。輪郭や髪の毛、目、口など細かなパーツは手動の方が作りやすいため、初心者のうちは自動で作り、慣れてきたら手動で作ってみると良いでしょう。
腕や足などの単純な形や目立たない部分など、あまり見た目を気にしないパーツは自動生成、顔のパーツなど見た目の綺麗さが重要なパーツは手動と使い分けるのもおすすめです。

## Tips 12
# ミラー編集で左右対称モデリング

ののん。

頂点を打ってメッシュを割るときに、**ミラー編集**という機能があります。この機能を使うと**左右対称の頂点を打つ**ことができるので、モデリング作業の効率化につながります。ぜひ活用してみましょう。

参考動画
https://x.com/nonon_yuno/status/1537610802877693952

### 1

メッシュの手動編集中のツール詳細パレットで［ミラー編集］をオンにします。キャンバス上に緑の軸が表示されます。

緑の軸が表示

**POINT**
右図のようにモデルが軸からずれてしまっている場合は、キャンバスサイズを確認して軸がモデルの中心になるように調整しましょう。

### 2

モデルを軸の中心に設定できたら頂点を打ってメッシュを割ります。片側に頂点を打つと、反対側にも頂点が打たれます。

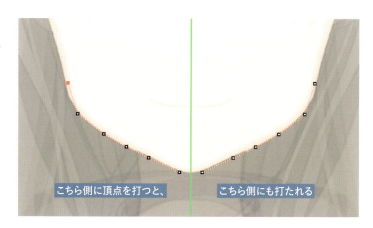
こちら側に頂点を打つと、　こちら側にも打たれる

ミラー編集をオンにして手動でメッシュ割りをした場合、**すでに打った頂点を移動しても反対側の頂点は移動しない**ため注意が必要です。

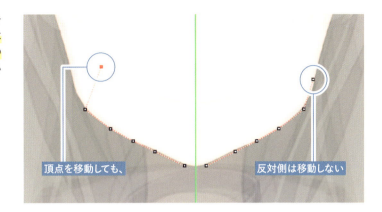

[Tips 9] で紹介した [ストロークによるメッシュ割り] でもミラー編集機能が使えます。**手動とは異なり、すでに打った頂点を移動すると反対側の頂点も同じように移動**します。
常に左右対称を保つことができるので、顔の輪郭など特に綺麗に仕上げたい部分はストロークによるメッシュ割りがおすすめです。

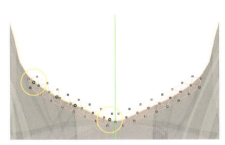

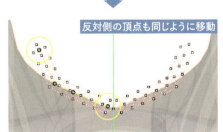

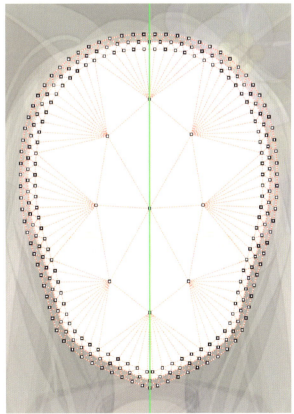

# Tips 13
## 閉じ口と開け口の形の早見表

ののん。

**閉じ口と開け口のパターンを自分で作って早見表にしておくと、口の動きを作るとき、そのキャラクターに合わせた口の形がイメージしやすくなります**。口の形でキャラクターの表情やパターンは大きく変わります。すべて同じ形にするのではなくキャラクターによって形を変えることを意識すると、より良いキャラクターの表現ができます。下の図は4種類の閉じ口と開け口（あいうえお）の早見表です。ぜひ参考にしてみてください。

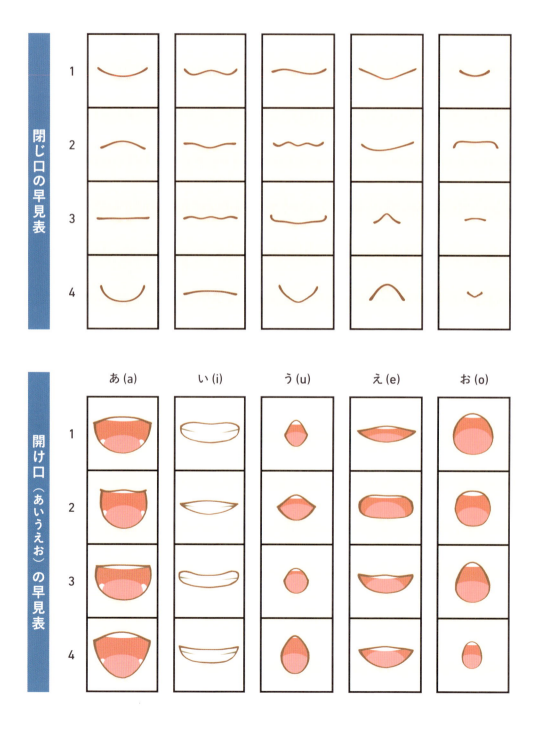

## Tips 14
# 効率的なあいうえおの作り方

ののん。

口の動きを作るとき、**早見表があると制作の速度が上がり**ます。頭で考えながら作るよりも視覚から情報を仕入れて作ることで形のイメージを付けやすくなるためです。［Tips 13］で口の形の早見表を紹介しましたが、ここでは「あいうえおの形」の作成手順を紹介します。

1. 口開閉 0.0 と 1.0 の 2 点にキーを打ち「あ」を作ります。
2. 口変形 -1.0、0.0、1.0 の 3 点にキーを打ち「む」と「にこ」をつくります。
3. 口変形 1 行目のキー -1.0 と 0.0 にキーを打ち **3** の 2 つの形を作ります。
4. 口開閉に 0.4 のキーを追加して 2 行目 **4** の 3 つの形を作ります。
5. できあがった 9 つの口の形をすべて微調整して完成です。

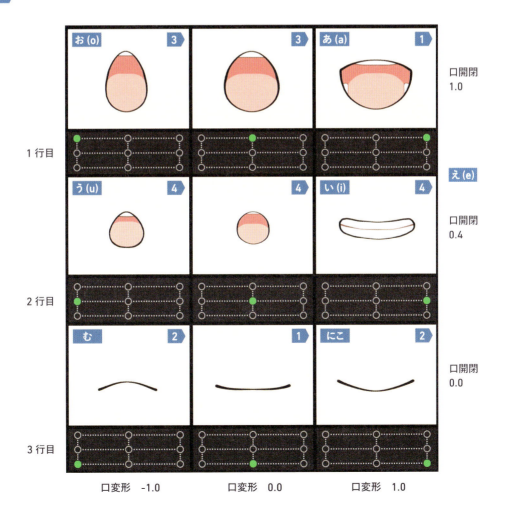

Tips 15

# 簡単に輪郭の影を付ける

ののん。

モデルの動きに簡単に立体感を出せたらいいですよね。ここでは顔の輪郭部分に影を付ける簡単な方法を紹介します。**モデルの顔が左右に動いたとき、顔の輪郭部分に少し影が入っていると立体感が出て**、より一層モデルの見栄えが良くなります。

参考動画
https://x.com/nonon_yuno/status/1438457642666582017

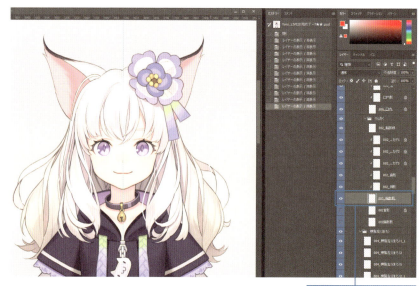

**1**

まずは輪郭影パーツを作成します。ペイントソフトでイラストを開き、顔の輪郭を描いたレイヤーを選びます。自動選択などで輪郭周りを選択します。

顔の輪郭レイヤーを選択

**2**

顔の輪郭のレイヤーの上に新規レイヤー「輪郭影」を作成します。肌の影色をスポイトで拾い、**1**の選択範囲の輪郭影レイヤーを塗りつぶします。顔の輪郭の周りに色が付きます。

**3**

不要な部分は削除します。これで「輪郭影」パーツができました。

**4**

顔の輪郭が入っているデフォーマに「輪郭影」パーツを入れ、角度の動きを付けます。顔の輪郭を描いたパーツの ID をコピーして、「輪郭影」パーツにクリッピングします。
角度 XY を動かした際に輪郭影を少しずらすだけで立体的な表現ができます。
微調整をして好みの仕上がりにしてみましょう。

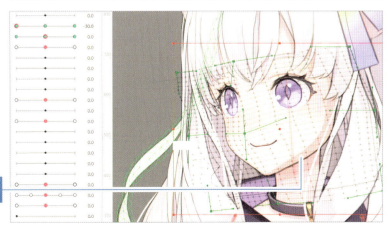

顔を傾けたときに影が見えて立体感が出る

## Tips 16

# 片目制作による時短法

ののん。

動きが左右対称な場合のみ有効な方法として、**片方の目の動きをひと通り作った後に複製して反転することで、反対の目の動きをすべて作る**ことができます。目は、閉じる、笑顔、まつ毛の揺れ、ハイライトの動きや眼球の動きなどのさまざまな要素が含まれ、多くのギミックを付けることもできる部位です。作成に非常に時間がかかるため、片方を作り終えた後に同じ作業をするのはとても工数がかかり大変です。ここで紹介する方法を使えば工数を半減できます。目だけでなく色々な部分に応用できるので、ぜひ活用してみてください。

### 1

まず左右のどちらかの目の動きをひと通り作ります。今回は右の目を作った後、左の目にすべて反転していきます。

### 2

すべての動きが完成したら、右目の親デフォーマ「◀瞳」から子を含めて選択し、すべてのデフォーマとパーツを選択します。選択した状態でコピー、貼り付けしてパーツを一式複製します。

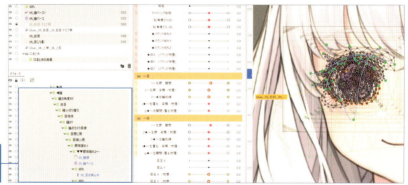

「◀瞳」デフォーマの子を含めてすべて選択し、複製

### 3

複製したパーツの親デフォーマの一番上に反転用のデフォーマを1つ作り、［モデリング］メニュー→［フォームの編集］→［反転］→［水平方向に反転］で反転します。これで子のデフォーマもすべて左目の位置に移動しました。反転用のデフォーマは削除します。

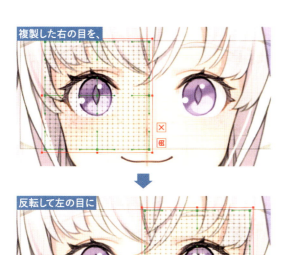

複製した右の目を、

反転して左の目に

**4**

反転した左の目の調整が終わったら、再度左の目の親からすべてのパーツを選択した状態にします。すべてを選択している状態で、［適用されたパラメータのみ表示 ∞］に切り替えます。

**5**

すべてのパーツを上から動きの反転やパラメータの変更などをして、左目のパラメータに移動します。
「1←右眼 開閉」を選択してパラメータ変更をクリックすると**A**のような画面が出てきます。この画面で「1→左眼 開閉」を選択して、左目のパラメータに変更します**B**。
この作業をすべてのパラメータで行うことで、右目の動きを左目に変更することが可能です。

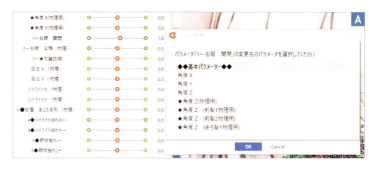

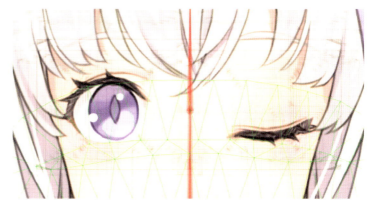

このとき「1→左眼 開閉」のようにパラメータ名の頭に半角英数字を打っておくと、この画面で①キーを押したとき「1→左眼 開閉」にジャンプできます。

Tips 17

# 閉じ目の違和感を減らす①
## ～まつ毛のワンポイント

乾物ひもの

初心者～上級者まで誰でも一度は制作するであろう、「目」というパーツ。初心者と上級者の違いはどこなのでしょうか？　ここでは、「まつ毛」に焦点を絞り、「こうしたらもっと可愛く、かっこよくなるよ！」というヒントを、詳しく説明していきます。

まつ毛の作り方を説明するにあたり、「良い例（左）」と「イマイチな例（右）」をご用意しました。

### 1

まず、パッと見でわかりやすいのが、青丸で囲んだ部分です。仮に「小さいまつ毛」とでも呼びましょう。
良い例では、小さいまつ毛をまばたきに合わせて変形させていますが、イマイチな例では、まつ毛にくっつけています。

なぜ、良い例のように変形させたほうが良いのでしょうか？　その理由は、リアルな人間のまつ毛を見るとよくわかります。
**人間のまつ毛はカーブを描いており、目を開けているときは上向き**に付いています。

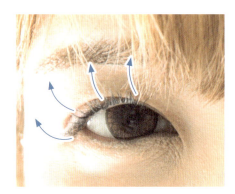

目を開いたときのリアルな人間のまつ毛

### 2

**目を閉じると、まつ毛は下を向き**ます。
つまり、良い例の変形は、リアルな人間のまつ毛と同じ動きをしているので、自然に見えます。

目を閉じたときのリアルな人間のまつ毛

### 3

理屈がわかったところで、Live2D Cubism 上での変形方法を説明します。やり方はとても簡単です。まず、パーツ分けの時点で、**上まつ毛と小さいまつ毛を分けて**おきます。

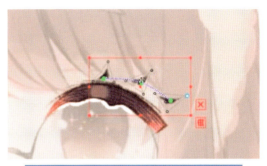

上まつ毛と小さいまつ毛を別パーツとして作成する

### 4

小さいまつ毛をメッシュ割りします。このモデルのように、太く短いまつ毛の場合は、ざっくりと**三角形で囲む**だけで OK です。

小さいまつ毛を頂点を打って囲む

小さいまつ毛が長い絵柄の場合は、長さに合わせてポリゴン（三角形）を増やしてください。

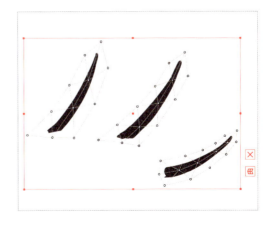

**5**

メッシュ割りができたら、動かしたい部分を選択し、下に縮小します。

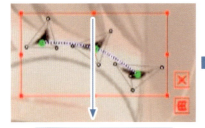 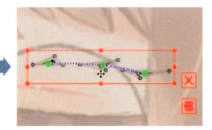

選択し、下に向かって縮小する

**6**

<mark>縮小し続けると、そのまま反転</mark>します。その後、上まつ毛に合わせて形を整えれば完成です。

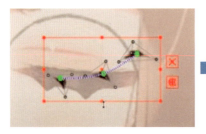 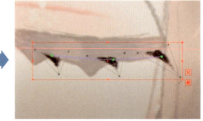

変形パスツール等を使うと素早く変形できる

### CHECK

今回は、「閉じた目」に合わせた変形方法の紹介でしたが、右図のような「笑顔の目」も、理屈を知っていれば簡単に作れます。
人間は笑顔のときに頬が上がるので、**まつ毛が少し上向き**になります。
つまり、<mark>目を開けているときよりも少し平たく変形</mark>させれば良いのです。

小さいまつ毛は別パーツに分けたほうが作りやすいのですが、もし「Live2D Cubism FREE版を使っていてパーツ数を抑えたい」「なるべく容量を軽くしたい」など、どうしてもパーツを分けたくない場合は下図のようにメッシュ割りをし、閉じた目のときに小さいまつ毛の部分を見えなくすることで、自然な動きにできます。

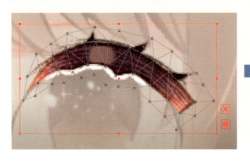 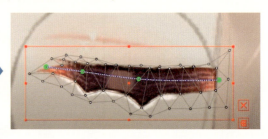

Tips 18

# 閉じ目の違和感を減らす②
## ～閉じ目の位置の調整

乾物ひもの

[Tips 17]で解説した小さいまつ毛の次に目立つのが、閉じた目の位置です。イマイチな例は、何だか目から下が間延びしているように見えませんか？これは、閉じた目の位置が高すぎるためです。

良い例

イマイチな例

**1**

人間の目は上まぶたが大きく伸縮するように作られているので、**閉じた目は下まつ毛に近い位置**にきます。さらに、下瞼も少し動きます（目の下を指で押さえてまばたきをするとわかりやすいです）。

**2**

モデリングの際は、**閉じた目を下まつ毛より少し上に作る**ようにしましょう。

開き目と閉じ目を重ねて表示

---

**CHECK**

笑顔のときの目の位置はどうなるでしょうか？ **笑顔のときの目の位置は、普通に閉じた目より上**にきます。これは、笑うと頬が上がり、まつ毛が上に押し上げられるためです。
制作時の注意点として、閉じた目と開いた目の、**目頭と目尻は大体同じ高さ**にくるようにしましょう。
閉じた目と笑顔の目は、それぞれ逆側にカーブを描くので、目尻と目頭の高さを合わせることで、眼球の丸さを意識でき、自然な位置に作ることができます。

とはいえ、これはあくまで「モデラーが自分で閉じた目を作るときの考え方」です。立ち絵のデータによっては、閉じた目と笑顔の目のガイドが入っていることもあるので、その場合はガイドに合わせて作りましょう。

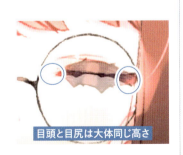
目頭と目尻は大体同じ高さ

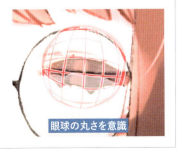
眼球の丸さを意識

## 閉じ目の違和感を減らす③
### ～閉じ目の横幅の調整

乾物ひもの

閉じた目の横幅の違いも大切です。イマイチな例のほうが、横幅が長く、カーブが急なのがわかるでしょうか？

右図のように、閉じた目の横幅は、**開いた目の横幅より少し縮めたほうが自然**に見えます。

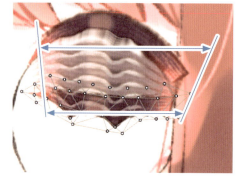

開き目、閉じ目の比較

これはリアルな人間の目では見られない現象です。**リアルな人間の目は開閉で目の幅は変わりません。**

目を開いたときのリアルな人間の目　　目を閉じたときのリアルな人間の目

リアルな人間と二次元のイラストでこのような違いがなぜ生まれるのか。筆者の推測ですが、配信用モデルやゲームのキャラクターなどの目は、リアルな人間と比べると大きくデフォルメされて作られています。とくに、今回のモデルのような可愛らしい顔立ちの目は、上まつ毛と下まつ毛の長さが大きく異なります。

### CHECK

さらに、こちらのモデルの顔は、輪郭も下にいくにつれて幅が狭くなっています。つまり、上まつ毛の幅を変えずにそのまま下に下ろしてしまうと、原理的には間違っていないのに、妙に横幅が長く見えてしまいます。

**1**

制作時の注意点を見ていきます。下まつ毛（下まぶた）の長さ、顔の輪郭の長さに合わせて**少し閉じ目の横幅を縮めて**あげると、自然に見えます。

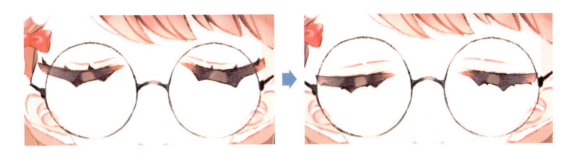

**2**

さらに、**まつ毛のカーブもあまり急にしない**ほうが自然に見えます。なぜなら、下まつ毛（下まぶた）があまりカーブしていないからです。

このように、リアルな人間の構造とは異なる動き、つまり、二次元イラストのウソを取り入れるときは、「なぜウソをつく必要があるのか」の理由を考えると、不自然になりにくいです。
逆にいえば、リアルな人間の目の構造に近い目を持つモデルを作るときは、リアルな人間の目の構造をそのまま活かしたほうが自然に見えるでしょう。

# 閉じ目の違和感を減らす④
## 〜眼球の位置の調整

衣装デザイン：樋口このみ（[X] @CO_NO2162）

乾物ひもの

「眼球」に焦点を絞り、「こうしたらもっと可愛く、かっこよくなるよ！」というヒントを詳しく解説していきます。[Tips 17]〜[Tips 19]のまつ毛のときと同じように、眼球のモデリングも「良い例（左）」と「イマイチな例（右）」を用意しました。

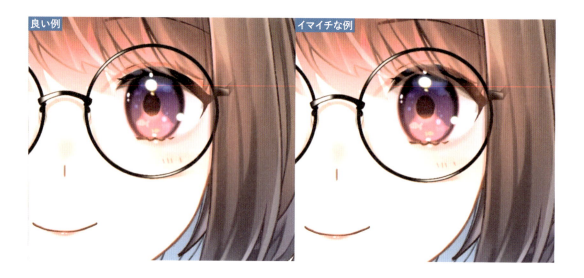

半目のときも一緒に比べてみましょう。イマイチな例のほうが、焦点が合わず、少し「眠そうな目」に見えるのがわかるでしょうか？

**CHECK**

とくに配信用のモデルは、リアルタイムトラッキングで動かすため、半目になるタイミングが数多くあります。半目を可愛く作成できれば、クオリティアップに大きくつながります。

### 1

良い例では、**目を閉じたときに、瞳の位置を少し下げて**います。これを設定していきます。

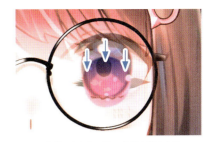

目を閉じたときの瞳の位置を薄く表示

**CHECK**

眼球の位置を下げない場合、半目になったときに瞳孔がまつ毛に隠れてしまいます。これが「焦点が合っていない」と感じる原因になっています。

### 2

眼球の角度 XY 変形用のデフォーマの中に、「瞳の開閉」用のデフォーマを作ります。

### 3

作成したデフォーマにパラメータを設定し、瞳の位置を動かします。

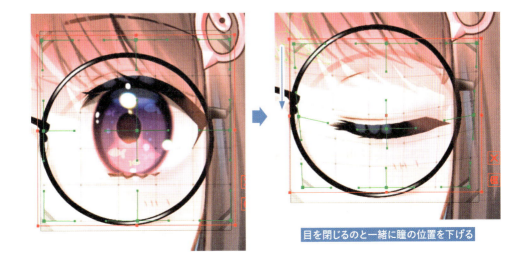

目を閉じるのと一緒に瞳の位置を下げる

## 閉じ目の違和感を減らす⑤
### 〜眼球の幅とパースの調整

衣装デザイン：樋口このみ（[X] @CO_NO2162）

乾物ひもの

目を閉じるときに、[Tips 20] で解説した位置だけでなく、眼球の幅も変えています。

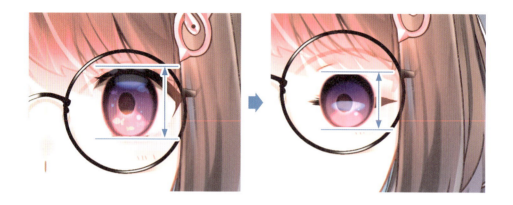

眼球は「球」と名前についているとおり、丸い形をしています。眼球の位置を下げるということは「目線が下がる」ということなのですが、眼球は球状なので、下図のように目線が下がるとパースがかかります。

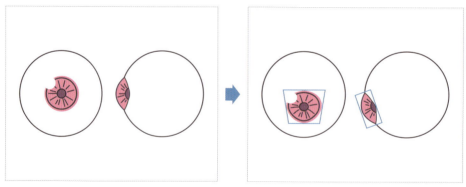

正面を向いた眼球　　　　　　　目線を下げたときの眼球

この原理をモデリングにも取り入れ、ただ位置を下げるだけではなく、**少し縮める変形でパースを付ける**ことで、より自然に、瞳の立体感を作ることができます。

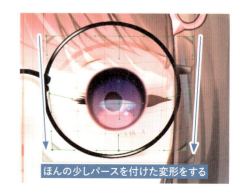

ほんの少しパースを付けた変形をする

Tips 22

# 閉じ目の違和感を減らす⑥
## 〜ハイライトを見せる

衣装デザイン：樋口このみ（[X] @CO_NO2162）

乾物ひもの

眼球の「良い例」と「イマイチな例」には、もうひとつ大きな違いがあります。それは「ハイライトが見えているか、見えていないか」です。
二次元のキャラクターにおける「目のハイライトが消える表現」は、「眠そう」「ヤンデレ」「ダウナー」など、それ単体で大きく気持ちや性格が変わってしまう表現になります。
そのため、意図的に「気持ちや性格を変えたい」という場合でない限りは、==ハイライトは常に見えていたほうが、可愛らしく生き生きとした印象を見る人に与えることができます。==

**1**

眼球の位置を変えたときと同じように、==ハイライト用のデフォーマを新しく作り、閉じ目付近まで位置を下げる==ことで、常にハイライトが見える状態を作り出すことができます。

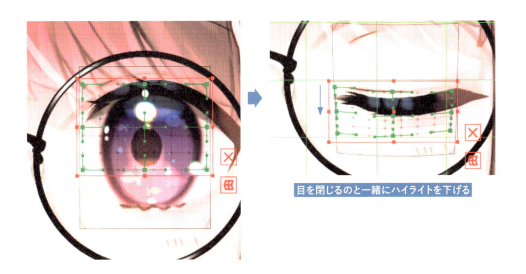

目を閉じるのと一緒にハイライトを下げる

047

## クリッピングとマスクの反転を同時に使う

© 城真ゆかな（[X] @SiromaYukanaV）　イラスト：のう（[X] @nounoknown）

乾物ひもの

クリッピングとは、**元となるパーツ（A）の範囲だけに任意のパーツ（B）を表示させる機能**です。インスペクタパレットのクリッピング欄に、AのパーツのID」を入れることでクリッピングできます。主に、瞳を白目にクリッピングする際などに使います。

IDとは、パーツやパラメータの識別名称です。

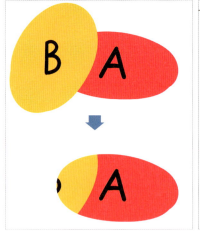

BをAに対してクリッピング

インスペクタパレットの設定

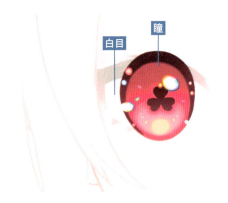

瞳を白目にクリッピング

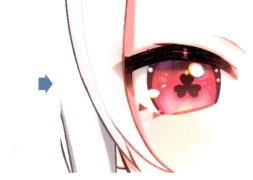

マスクを反転は、クリッピングとは逆で、**元となるパーツ（A）の範囲に任意のパーツ（B）を表示させない機能**です。
インスペクタパレットのクリッピング欄に、AのパーツのID」を入れて［マスクを反転］にチェックを入れます。

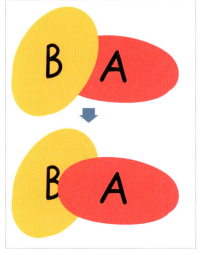

マスクを反転したAとB

マスクを反転にチェックを入れる

通常、クリッピングとマスクを反転の機能を同時に使うことはできません。しかし、どうしても同時に使いたいという場面が出てくる場合があります。
たとえば、「**目の影を、白目にも瞳にもクリッピングしたい**」という状況です。ここで取り扱うモデルには、瞳に薄っすらとかかる影のパーツがあります。影を白目にクリッピングすると、瞳を動かしたときにはみ出してしまい、瞳にクリッピングすると、目を閉じたときにはみ出してしまいます。

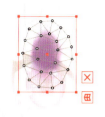
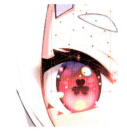

影のパーツ

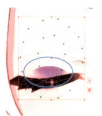

白目にクリッピング　　　瞳にクリッピング

白目と瞳の両方をクリッピング欄に入れたとしても、「白目＋瞳の範囲（赤線）」となってしまいますが、可能であれば「白目と瞳が重なっている範囲のみ（青線）」にしたいですね。「瞳にクリッピングした状態で、白目からはみ出たところだけマスクの反転をする」などの処理を行うことができれば良いのですが、前述したとおり、Live2D Cubism（バージョン 5.0）ではクリッピングとマスクの反転を同時に使うことができません。そこで、次から紹介する裏技を使います。

## 1

ペイントソフトで、「白目」と「瞳」それぞれの「マスク用パーツ」を作ります。白目の周り、瞳の周りをぐるっと囲んだ大きめのパーツを作ります。
パーツ名は「白目マスク」「瞳マスク」としました。

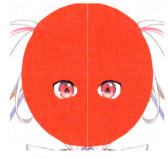

白目の周りを囲ったパーツ　　　瞳の周りを囲ったパーツ

### CHECK

白目や瞳を範囲選択し、範囲を反転した状態で塗ると簡単に作れます。
Adobe Photoshop を使っていますが、ほかのペイントソフトでも同じです。

パーツ名

## 2

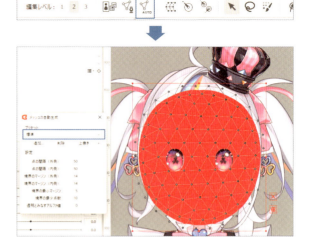

Live2D Cubism に読み込んでメッシュを作ります。
上部のツールバーから［メッシュの自動生成］ツール  をクリックし、［メッシュの自動生成］ダイアログでプリセットは「標準」を選びます。

### POINT

プリセットには「変形度合い（小）」「変形度合い（大）」がデフォルトであります。「変形度合い（小）」はメッシュが粗く、「変形度合い（大）」はメッシュが細かいです。状況に応じて使い分けましょう。

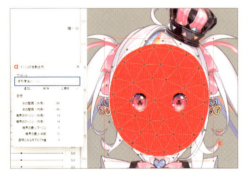
変形度合い（小）

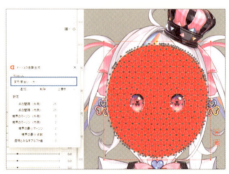
変形度合い（大）

## 3

右クリック

メッシュの自動生成ができたら、白目と瞳のメッシュを 1 で用意したマスク用パーツにコピーします。
瞳のアートメッシュを選択した状態で、[CTRL]+[C]キーで瞳のメッシュをコピーします。アートメッシュの上で右クリック→コピーでもOKです。
なお、本書では瞳→白目の順に解説していますが、順番はどちらでも構いません。

## 4

コピーができたら、2 でメッシュの自動生成を行った「瞳マスク」を選択し、[CTRL]+[E]キーでメッシュ編集モードに移行します。

ツールバーから［メッシュの手動編集］をクリックでも良い

050

### 5

メッシュ編集モードに移行したら、ツール詳細パレットから[ドラッグでポリゴンを消去]ツール ◆（消しゴムマークのツールなので、以降消しゴムツールと称する）を選びます。

ツール詳細パレット

**POINT**

ツール詳細パレットが見つからない場合は、右上の[ウィンドウ]メニュー→[ツール詳細]にチェックが入っているか確認しましょう。

### 6

消しゴムツールで、マスクパーツの内部のメッシュをドラッグで消していきます（下図の青い範囲）。
消しゴムツールの大きさを調整してメッシュを消していきます。

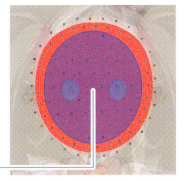

メッシュを消す範囲

**POINT**

消しゴムツールは、Bキーを押しながらマウスを左右にドラッグすると、大きさを変えることができます。

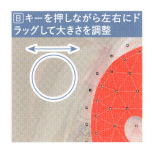

Bキーを押しながら左右にドラッグして大きさを調整

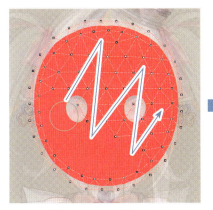

消しゴムツールで消していく

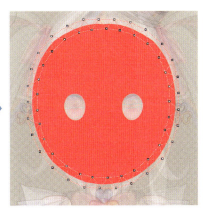

すべて消し終わった状態

**7**

内側のメッシュを消したら、3 でコピーした瞳のメッシュを CTRL + V キーで貼り付けます。もしくは右上の［編集］メニュー →［貼り付け］でも同様です。

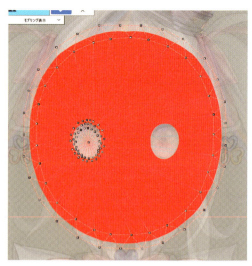
瞳のメッシュを貼り付けた状態

**POINT**

場合によっては、瞳のメッシュが反対側に貼り付けられてしまうことがあります。これは左右の目をコピー＆貼り付け→反転で使い回している場合に起こります。とくに支障はないので、このまま進めてしまって問題ありません。

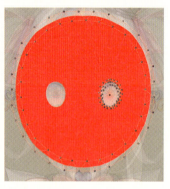

**POINT**

メッシュの貼り付けがうまくいかないときは、どこかのタイミングで瞳のメッシュのコピーがキャンセルされてしまったかもしれません。その場合は、**一旦モデリングビュー左上のチェックボタンをクリックしてメッシュ編集モードを終え、もう一度瞳のアートメッシュをコピーして再トライ**してみましょう。

クリックしてメッシュ編集モードを終了する

**8**

ここから先の工程は、「左右の目をコピー＆貼り付け＋反転で使い回しているかどうか」で変わってきます。まずは、「コピー＆貼り付け＋反転で使い回している場合」として解説していきます。

ツール詳細パレットから、［投げ縄選択ツール ］を選びます。瞳のメッシュ部分を囲って選択し、コピーします。

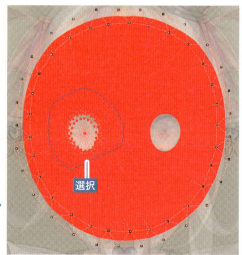
選択

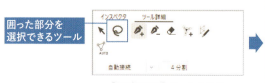
［投げ縄選択］ツールを選ぶ

### 9

ビューエリア上で右クリック→［左右反転］をクリックします。これで、瞳のメッシュ部分が左右反転します。

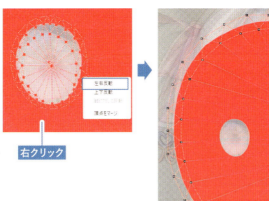

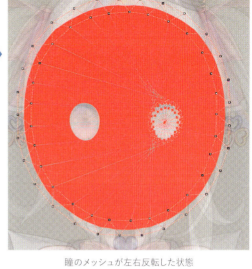

瞳のメッシュが左右反転した状態

### 10

このままだとエッジ（メッシュの線）が一部交差してしまっているので、消しゴムツールで交差部分をクリックすると、正常に戻ります。

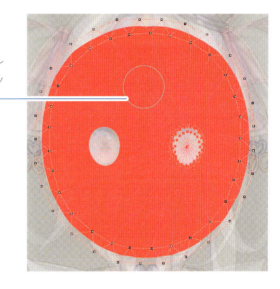

### 11

もう一度［編集］メニュー→［貼り付け］もしくは CTRL ＋ V キーで貼り付けを行います。
これで、左右の瞳部分にメッシュを貼り付けることができました。
そして、ツール詳細パレットの［自動接続］をクリックしてメッシュを確定させます。モデリングビュー左上のチェックボタンをクリックして、メッシュ編集モードを終えましょう。

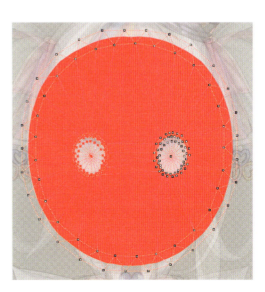

053

「コピー&貼り付け+反転で使い回していない場合」の解説を行います。

❶モデリングビュー左上のチェックボタンをクリックして、メッシュ編集モードを終えます。

❷反対側の瞳のメッシュを選択し、コピーします。コピーができたら、もう一度「瞳マスク」のアートメッシュを選択して、メッシュ編集モードに移行します。

❸右上の［編集］メニュー→［貼り付け］もしくは CTRL ＋ V キーでメッシュを貼り付けます。左右の瞳部分にメッシュを貼り付けることができました。

❹ツール詳細パレットの［自動接続］をクリックしてメッシュを接続し、モデリングビュー左上のチェックボタンをクリックしてメッシュ編集モードを終えましょう。［自動接続］は、今回の場合はクリックしてもしなくてもモデリング時の挙動は変わりません。しかし、場合によっては［自動接続］を行った後に、エッジの微調整を行う必要があります。微調整を行ったほうが良いか見極めるためにも、**最後に［自動接続］をクリックするクセを付けておく**のがおすすめです。

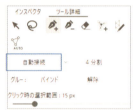

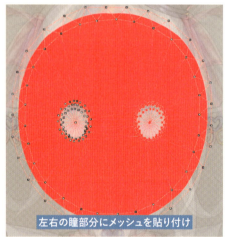

## 12

白目マスクのメッシュも、同じように制作しましょう。

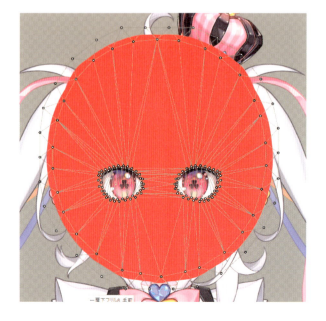

**13**

マスク用アートメッシュと瞳、白目アートメッシュをグルーでつなぎます。[CTRL]キーを押しながら、パーツパレットの「瞳マスク」アートメッシュと左右どちらかの瞳のアートメッシュをクリックし、複数選択します。
複数選択をした状態でメッシュ編集モードに移行し、[投げ縄選択ツール]で瞳部分を囲います。

2つのアートメッシュがグレーになっていれば複数選択できている

※わかりやすいように瞳アートメッシュを瞳マスクアートメッシュのすぐ下に置いている

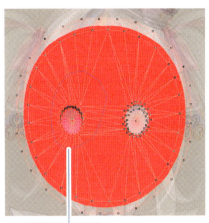

投げ縄選択する

**14**

ツール詳細パレットの［バインド］をクリックします。
バインドが成功すれば、選択した部分が緑色になります。

※わかりやすいようにマスクの透明度を少し下げている

**15**

メッシュ編集モードを終えると、パーツパレット内にグルーオブジェクトが出現します。このグルーオブジェクトを選択するか、**モデリングビュー内の黄色いタグをクリックすると、グルーの重み（ウエイト）を編集できるモード（ウエイト調整モード）に移行**します。初期状態では、瞳と「瞳マスク」の重みは拮抗しており、重なっている部分が黄色くなっています。

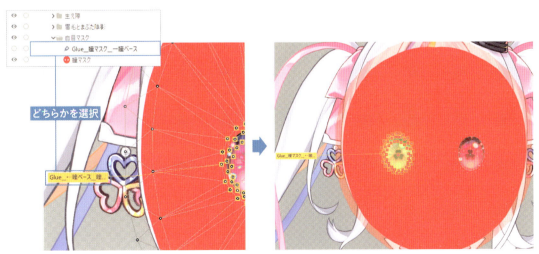

ウエイト調整モード

**16**

重なっている部分のウエイトを、緑（もしくは赤）に変えます。反対側の瞳も同じように行います。

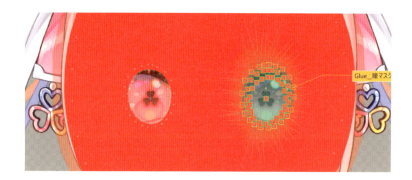

グルーの重み（ウエイト）の変更操作は、瞳と瞳マスクのウエイトの色によって変わります。緑と赤のウエイトの色がどちらに割り当てられるかは、**「バインドを行うときのアートメッシュの複数選択を行う順番」**によって変わります。最初に選んだほうが赤、後に選んだほうが緑になります。

### マスクのウエイトの色が赤の場合

ツールバーの［グルーツール ✐ ］が選択されていることを確認し（選択されていない場合はクリック）、**黄色くなっている部分を SHIFT キーを押しながら何度かドラッグ**します。

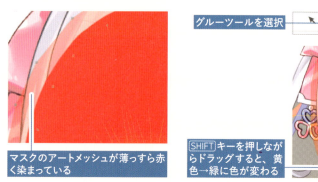

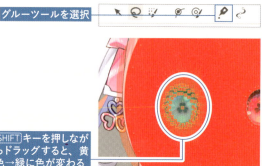

### マスクのウエイトの色が緑の場合

［グルーツール］を選択し、**黄色くなっている部分を何も押さずに何度かドラッグ**します。

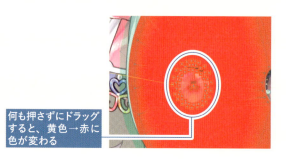

### 17

白目と「白目マスク」もグルーでつなげます。これで、瞳と「瞳マスク」、白目と「白目マスク」をグルーでつなぐことができました。

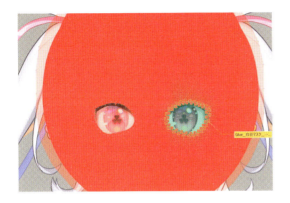
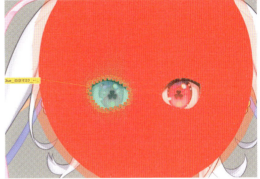

### 18

「目 開閉パラメータ」を動かすと、マスク用アートメッシュが自動的に白目や瞳の動きに追従しているのがわかります。

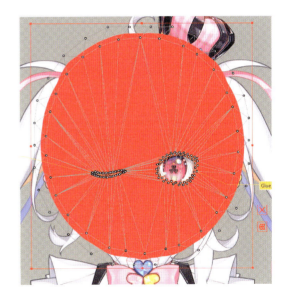

### 19

瞳と「瞳マスク」、白目と「白目マスク」をグルーでつなぐことができたら、インスペクタパレットで「瞳マスク」と「白目マスク」の「不透明度」を0%にします。

インスペクタパレット

### 20

最後にマスクを反転しますが、反転を行う前にマスクの「ID」を変更します。
デフォルト ID のまま反転を行っても良いのですが、高可動域モデルなどでアートメッシュ数が多い場合、どれがどのアートメッシュの ID なのか混乱してしまいます。混乱するのを防ぐため、**クリッピングやマスクの反転を行うアートメッシュだけでも ID を変更**しておくことをおすすめします。

ID は「ArtMesh○○」のように、読み込み順に数字がふってある

瞳マスクの ID

白目マスクの ID

**POINT**

ID で使用できるのは半角英数字と_（アンダーバー）のみです。今回は瞳マスクを「Eye_Mask」、白目マスクを「Sirome_Mask」にしました。自分でわかりやすければどんな命名方法でも大丈夫です。

### 21

ID を変更したら、白目マスクと瞳マスクアートメッシュを複数選択し、インスペクタパレットから ID をコピー（CTRL+C キー）します。
コピーができたら、白目と瞳の両方にクリッピングさせたいアートメッシュ（影のパーツ）のクリッピング欄に ID を貼り付け（CTRL+V キー）、［マスクを反転］にチェックを入れます。
これで、影のパーツに白目と瞳をクリッピングできました。

チェックを入れる　　クリッピング欄に、ID を貼り付ける

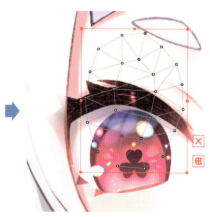

クリッピング後

# ブレンドシェイプの基本

乾物ひもの

挙動にクセがあるため、慣れないうちは扱いに戸惑いがちなブレンドシェイプ。しかし、原理を理解すれば、今まで制作するのが難しかったさまざまな表現が可能となる、素晴らしい機能です。ぜひ使い方をマスターしましょう！

ブレンドシェイプとは、「**変形を自動的に掛け合わせることができる**」機能（フォームに差分を加算する（足し込む）機能）です。言葉だけではわかりづらいかと思いますので、実際に例を見てみましょう。通常、パラメータ2種類以上に動きを紐づけた場合、そのままの状態では掛け合わせの動きは作れません。手動で作成するか、［モデリング］メニュー→［パラメータ］→［四隅のフォームを自動生成］などの機能を使う必要があります。

パラメータ2種類を使用して前髪の揺れを付けた場合、丸で囲った部分は手動で調節するか、［四隅のフォームを自動生成］機能を使用する必要がある

デフォルト状態では掛け合わせがうまくいかない

ブレンドシェイプは、**掛け合わせ部分の動きを自動的に作成**してくれるので、手動で調整を行う必要がありません。
ブレンドシェイプを使用して髪揺れを作ると、掛け合わせ部分もしっかりとした動きにできます。

ブレンドシェイプを設定したパラメータは、緑の点が四角になるのが特徴。自動的に掛け合わせの動作を作成してくれるため、3種類以上パラメータを紐づけても管理がしやすい

［四隅のフォームを自動生成］は、すでに作成してある角度X（左右）と角度Y（上下）の動きから、右上、右下、左上、左下の斜めの動きを自動で作る機能です。

**1**

ブレンドシェイプは、従来のパラメータと同じように、パラメータパレットから作成します。

**2**

従来のパラメータと同じようにキーを打って動きを作ります。しかし、従来のパラメータとは違い、ベースのパラメータ値（0.0）にキーを打つことができません。

**3**

ブレンドシェイプは、**真ん中の黒の点を基準とし、そこから「どれくらい動いたか（変形しているか）」を緑の点部分に記録**しています。

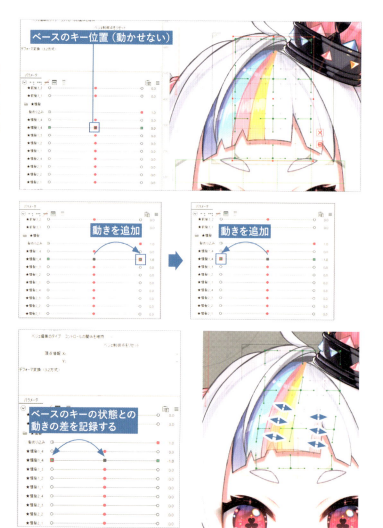

ブレンドシェイプは、あくまでも「基準との差」を記録しているだけです。掛け合わせるブレンドシェイプが増えても「それぞれの動きの差」を自動的に計算し作成しています。そのため、「四隅のフォームのうち1か所だけ動きを大きく変えたい」という場合、ブレンドシェイプではうまく作ることができません。

また、ブレンドシェイプを利用している状態で基準の動きを変えてしまうと、「基準の状態との動きの差」の計算結果が変わってしまうため、ブレンドシェイプの動きがすべてずれてしまいます。

このように、ブレンドシェイプにはできない（難しい）動きがあったり、制作上の注意点があるため、場面に合わせて使い分けることが大切になっていきます。

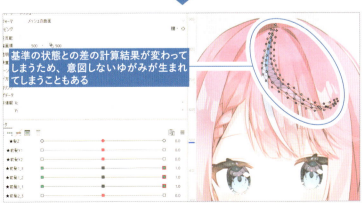

© 式部めぐり（[X] @ShikibuMeguri）　イラスト：ぴろ瀬（[X] @heripiro）

# ブレンドシェイプで揺れものを作る

乾物ひもの

［Tips 24］でも少し紹介しましたが、ブレンドシェイプのおすすめの使い方としてわかりやすいのは、第一に「揺れものへの活用」です。掛け合わせの数を実質無限に増やせるだけでなく、従来のパラメータとの併用も可能です。たとえば、長い後ろ髪などで便利です。

## Method1　しなやかな髪揺れを作る

下図のようにブレンドシェイプを何種類も利用して、しなやかな髪揺れを作ることができます。

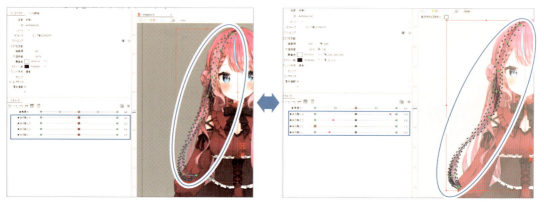

ブレンドシェイプを複数組み合わせる

## Method2　従来のパラメータを組み合わせて髪揺れを作る

従来のパラメータで作成した角度Xの形を保ったまま、髪揺れを追加することもできます。

### 1

角度Xのパラメータで髪の角度Xを作ります。顔の向いた方向に合わせた動きにします。

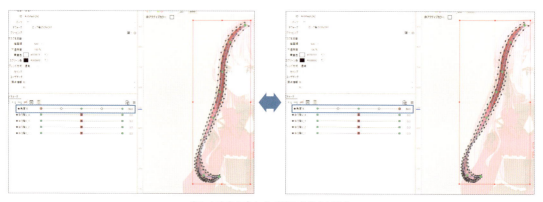

向いた方向に合わせて髪の角度を付ける

## 2

ブレンドシェイプを使えば、1で作成した動きに自然な髪揺れの動きを追加できます。

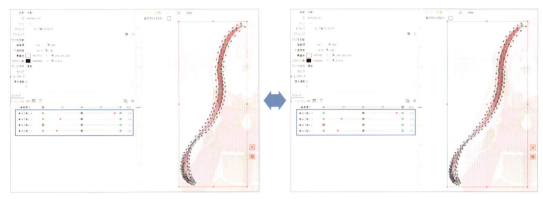

ブレンドシェイプで動きを追加

### Method3　複雑な服の揺れを作る

ブレンドシェイプを使えば、従来のパラメータでは何種類ものデフォーマを使用しないと制作が難しかった複雑な服の揺れなども、1つのデフォーマやアートメッシュで完結できます。

参考動画
https://www.youtube.com/watch?v=BFtUuaN-J28

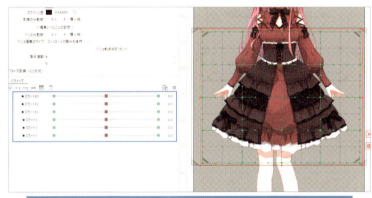

しなやかなスカートの揺れも、デフォーマやアートメッシュ1つで制作できる

ブレンドシェイプのおかげで設定項目数を抑えられる

## Tips 26

# ブレンドシェイプの重み

ののん。

ブレンドシェイプには**デフォルトで10種類のプリセット**があります。ブレンドシェイプの重みは［モデリング］メニュー→［パラメータ］→［ブレンドシェイプの重みの制限設定］から設定できます。下の図は、プリセットの重みを可視化したものです。それぞれの重みでどのような動きになるか視覚的に見てわかると便利です。

ブレンドシェイプの重みの制限設定ダイアログ

❶直線 1……
　すべて反応、変化を維持した状態
❷直線 2…… -30 から 30 へ反応する
❸直線 3…… 30 から -30 へ反応する

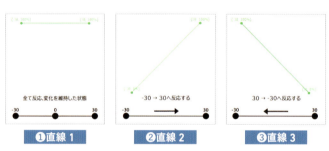

❹折れ線 1……
　-30 から 0 へ、30 から 0 へ反応する
❺折れ線 2…… 0 から 30 へ反応する
❻折れ線 3…… 0 から -30 へ反応する
❼折れ線 4……
　-30 から 0 へ反応し、30 は 0 の変化を維持
❽折れ線 5……
　30 から 0 へ反応し、-30 は 0 の変化を維持

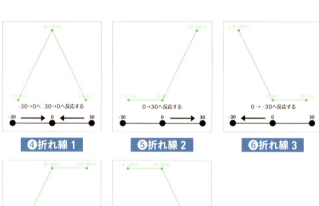

❾ステップ 1……
　-0.6 から 0 へ瞬時に移動し、30 は 0 の変化を維持
❿ステップ 2……
　0.6 から 0 へ瞬時に移動し、-30 は 0 の変化を維持

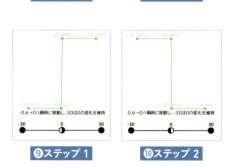

# ブレンドシェイプで表情差分を作る

衣装デザイン：樋口このみ（[X] @CO_NO2162）

乾物ひもの

ブレンドシェイプの代表的な使い方に「**表情差分への活用**」があります。従来のパラメータでは、パラメータ構成が難解になりがちだった「ジト目」や「アヒル口」などの複雑な表情差分を簡単に作ることができるのも、ブレンドシェイプの大きな特徴です。

デフォルト状態

ブレンドシェイプを使って作成したジト目

ブレンドシェイプを使って作成したアヒル口

## Method1　ブレンドシェイプでジト目を作る

ブレンドシェイプでまつ毛を変形させ、ジト目差分を作ったとします。しかし、ブレンドシェイプの計算は自動であるため、このジト目の変形が目を閉じたときもそのまま加わってしまいます。すると、閉じ目の形がゆがんでしまいます。

デフォルト状態の閉じ目

何の設定もせずに「ジト目」をONにしたときの閉じ目

そんなとき、「**重みの制限設定**」で、「**目を閉じたときに、ブレンドシェイプの計算結果を0%にする**」という制限を設けることで、このゆがみをなくすことができます。

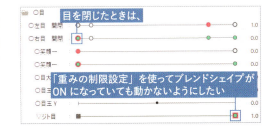

065

［モデリング］メニュー→［パラメータ］→［ブレンドシェイプの重みの制限設定］で設定を行います。下図は実際のジト目ブレンドシェイプの重みの制限設定です。**左上で「制限を設けたいブレンドシェイプ」**を選び（今回は「ジト目」です）、**その下のパラメータ欄で「制限の基準になるパラメータ」**を選びます（今回は「右目 開閉」パラメータ）。

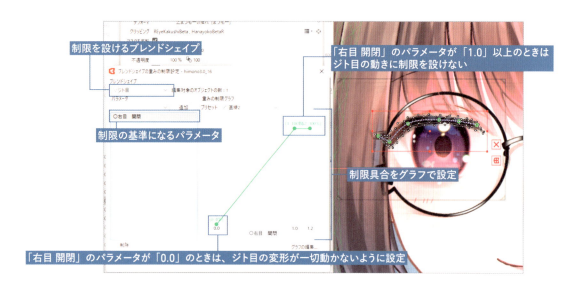

「どんな条件のとき、どれくらい制限を設けるか」という設定は**グラフ**で行います。上のグラフでは、「右目 開閉」のパラメータが「1.0」以上のときはブレンドシェイプの動きは「100%（＝制限なしで動く）」、「右目 開閉」パラメータが「0.0」のときはブレンドシェイプの動きは「0%（＝一切動かない）」という設定にしています。

このような変則的な形のグラフは、プリセットにはありません。右下の［グラフの編集］から、グラフの形を詳細に変えることができるので、そちらの設定を活用しましょう。

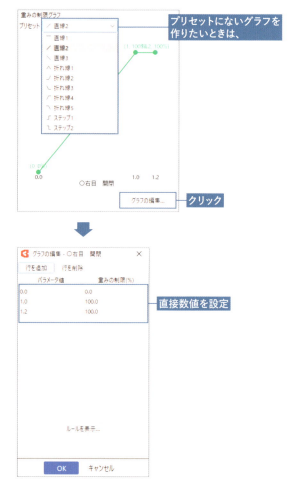

## Method2　ブレンドシェイプでアヒル口を作る

「重みの制限設定」は、**複数のパラメータを基準**にすることができます。

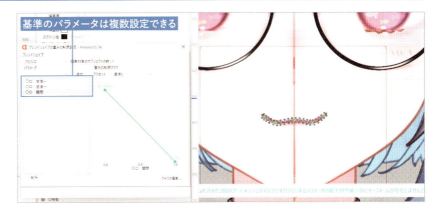

複数の基準パラメータを設定して制限を作ることにより、たとえば、「口が閉じた状態、かつ左右の口角が上がったときだけアヒル口のブレンドシェイプがONになる」という複雑な条件を設定することも可能です。

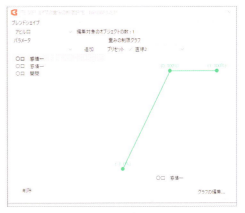

1つ目のグラフ

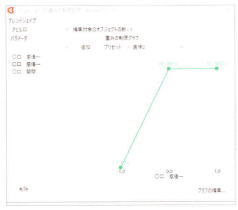

2つ目のグラフ

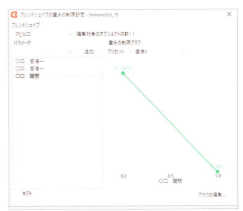

3つ目のグラフ

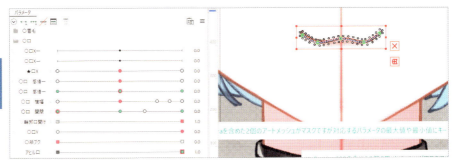

3つのグラフを使った複雑な「重みの制限設定」で、アヒル口を作成

## Tips 28
# ブレンドシェイプを 角度XYに活用する

衣装デザイン：樋口このみ（[X] @CO_NO2162）

乾物ひもの

ブレンドシェイプの「角度XYへの活用」とは、角度XYを直接ブレンドシェイプにすることではありません。むしろ、直接ブレンドシェイプにすることはおすすめしません。

**角度XYのパラメータを直接ブレンドシェイプにすると、制作が難しくなる可能性が高い**

角度XYのパラメータを直接ブレンドシェイプにした例

なぜならブレンドシェイプでできるのは動きの追加だけで、掛け合わせの計算は自動で行うため、1か所だけの動きを大きく変えることはできないからです。

**たとえば、パラメータがこの部分にあるときだけまったく違う動きをさせる、といったことができない**

**POINT**

「重みの制限設定」を使えば、場所によって動きに制限をかけることはできますが、あくまでも変えられるのは「どれだけ制限をかけるか」の大小です。つまり、「1か所だけ、自動計算の結果でもそれに制限をかけた状態でもない、まったく違う動きを付ける」ということはできません。

しかし、角度XYの動きを作るとき、大抵「四隅のフォームを自動生成」をしただけでは斜めの変形はうまくいかず、そこから微調整をすることが多いかと思います。
この「微調整」は、ブレンドシェイプでは行うことができません。
これが「角度XYのパラメータを直接ブレンドシェイプにするのはおすすめしない」という理由です。

角度XYのパラメータで「四隅のフォームを自動生成」を行った状態

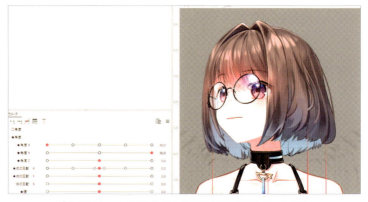

「四隅のフォームを自動生成」後に手動で微調整を行った状態

068

© 式部めぐり（[X] @ShikibuMeguri）　イラスト：ぴろ瀬（[X] @heripiro）

では、「角度 XY への活用」とは一体どうやるのか？　その答えは**「角度 XY の補正用ブレンドシェイプを新たに作成する」**ことです。ここで紹介しているモデルは、補正用のブレンドシェイプが動いて初めて、変形が完成するようにできています。

「▽角度 X」という名前の補正用ブレンドシェイプでは、主に顔周りと横髪の補正を行っています。横髪は変化がとてもわかりやすいです。顔の動きに合わせてアートメッシュを直接変形させています。

角度 XY の補正用ブレンドシェイプを作成

通常の「角度 X」だけを動かした状態

補正用の「▽角度 X」も動かした状態

顔周りの補正は、上の画像だけでは少しわかりづらいかもしれません。具体的に何をしているかというと、**A** のようにハイライトのアートメッシュをまとめたデフォーマを作成し、それを **B** のように変形させて、瞳の立体感を表現しています。

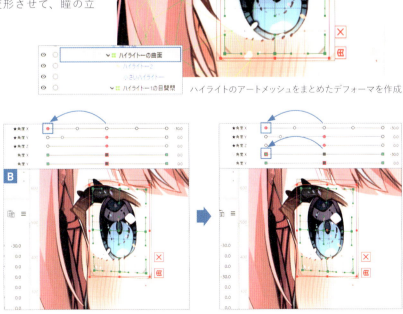
ハイライトのアートメッシュをまとめたデフォーマを作成

丸みを付けて瞳の立体感を表現

069

前髪も、立体感を強調するために影と前髪の距離を離し、デフォーマの変形だけでガタついていた毛先部分の微調整を行っています。

毛先をなめらかに

さて、ここまで読んだ方は「なぜわざわざこの補正をブレンドシェイプで行うのだろう？」「直接通常の角度XYパラメータで行った方が楽なのではないか？」といった疑問を抱くかもしれません。

実は、これらの補正を行った部位は、「すでに2種類のパラメータに変形が紐づいている」という共通点があります。

Live2Dモデルをある程度制作された方であればご存知かもしれませんが、1つのオブジェクト（アートメッシュやデフォーマ）にパラメータを2種類以上紐づけると、制作がとても複雑で大変になります。

具体的には、下記のように、パラメータが1種類増えるだけで、管理する箇所が急激に増えてしまうのです。

横髪のアートメッシュは、肩に垂れている（乗っかっている）状態であるため、体の動きに追従させる変形を、「体の回転XY」で別途行っている

瞳のハイライト用のデフォーマは、瞳孔の動きに合わせて丸みを付ける変形を別途行っている

・パラメータ1種類→管理する点は3箇所
・パラメータ2種類→管理する点は3×3＝9箇所
・パラメータ3種類→管理する点は3×3×3＝27箇所
・パラメータ4種類→管理する点は3×3×3×3＝81

そこで、動きの複雑さによって==通常パラメータとブレンドシェイプを使い分けることで、管理の手間を省いている==のです。

四隅のフォームを微調整する必要がある動きは通常パラメータで作成

自動計算で済む動きはブレンドシェイプで作成

### Method1　角度 XY への活用

実際のブレンドシェイプの活用手順を紹介します。

**1**

ブレンドシェイプを使う必要がある部分以外の「角度 XY」の変形を作成しておきます。

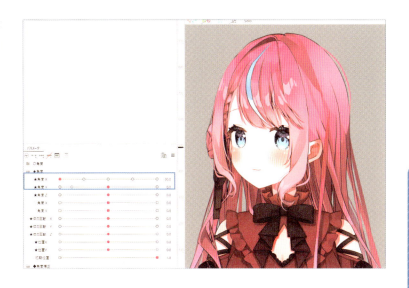

**2**

新規に補正用のブレンドシェイプを作ります。

数値は通常パラメータと同じにするとわかりやすいです。

**3**

通常の角度パラメータと同じ位置にブレンドシェイプを合わせ、変形を作っていきます。

**4**

通常パラメータと補正用ブレンドシェイプを、物理演算で追従させます。物理演算については、[Tips 29]を参照してください。

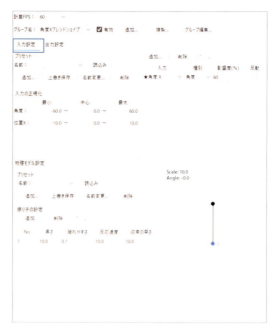

出力設定　　　　　　　　　　　　　　　　　入力設定・物理モデル設定

**5**

揺れ用ブレンドシェイプの動きや通常パラメータの動きも作成します。これはどのタイミングでも構いません。

物理演算画面でモデルを動かしてみると、髪が顔、体の両方に沿って動いていることがわかります。顔と体に分けて制作することで、顔と体を別々に動かしても、髪が違和感なく動くようになります。

参考動画
https://www.youtube.com/watch?v=MSKkei2V77Q

## Method2　角度XYへの活用（物理演算を使わないパターン）

［Method1］では、物理演算を使用し、通常パラメータと補正用ブレンドシェイプを追従させていました。
［Method2］では、物理演算を使わずに、角度XYへブレンドシェイプを活用する方法を紹介します。

ここで紹介するモデルは、「デフォルト状態が斜め向き」+「体に沿った長い横髪」という、制作難易度の高いデザインをしています。

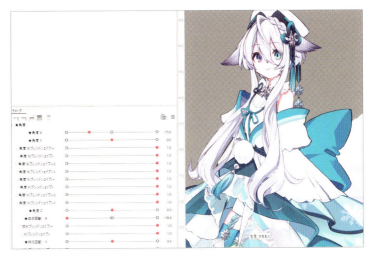

このような複雑なデザインであっても、通常パラメータとブレンドシェイプを使い分け、顔と体で別々に動きを作ることで、立体感のあるモデリングが可能になります。

顔と体の動きに合わせ、横髪が立体的に動いている

## 1

顔のデフォルト状態が斜め向きで、調整が自動計算では難しいため、顔の角度XYを通常パラメータ、体の角度Xをブレンドシェイプで作成します。

体の補正用ブレンドシェイプは、[Method1]と同じように新規で作成しますが、追従に物理演算を使わない場合は2つ作成します。ブレンドシェイプ名を見ると、末尾に「＋」と「－」と付いています。元の通常パラメータの＋側、－側の補正を、それぞれのブレンドシェイプで行います。

## 2

今回は、ブレンドシェイプの「**数値**」が非常に大切です。

「デフォルトの数値と最大値を同じ値にする（「1.0」がわかりやすくておすすめ）」「最小値を「0.0」にする」の2点を必ず守ります。

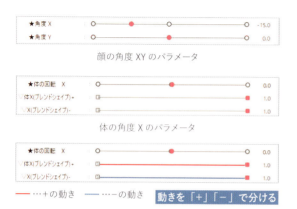

## 3

ブレンドシェイプを作成すると、[Method1]のときとは違い、緑点が片側のみになります。

また、デフォルトの数値を最大値にしているため、ブレンドシェイプを意識的にOFFにしない限り、常に最大値の緑点部分がデフォルト状態になります。

デフォルトの状態にパラメータを戻すには、CTRL＋1キーのショートカットキーが簡単です。

### 4

今回の手法では、通常パラメータと補正用ブレンドシェイプの追従を、物理演算の代わりに「重みの制限設定」で行います。

右図は、補正用ブレンドシェイプの＋側のグラフです。通常パラメータが「0.0」のときは「0％（ブレンドシェイプの変形は一切反映されない）」、通常パラメータが最大値「10.0」のときは「100％（制限なく動く）」という設定になっています。このように設定することで、体 X が＋側に動いたときだけ、ブレンドシェイプの＋側の動きを ON にできます。

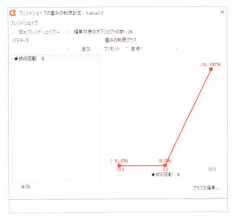

補正用ブレンドシェイプの＋側のグラフ

### 5

ブレンドシェイプの－側は、＋側とは逆のグラフになるよう設定します。通常パラメータが「0.0」のときは「0％（ブレンドシェイプの変形は一切反映されない）」、通常パラメータが最小値「-10.0」のときは「100％（制限なく動く）」という設定になっています。こちらの補正用ブレンドシェイプは、体 X が－側に動いたときに ON にできます。ブレンドシェイプは、意識的に OFF にしない限り、常に最大値の緑点部分がデフォルト状態になるよう設定されているため、純粋に体 X の動きにのみ反応します。

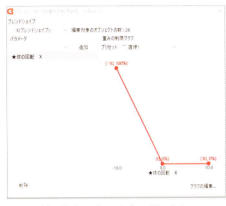

補正用ブレンドシェイプの－側のグラフ

補正用ブレンドシェイプに変形を紐づけているのは、「全体の大まかな動き付けをするワープデフォーマ」と「細かい立体感を付けるアートメッシュ」です。

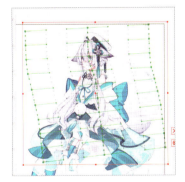
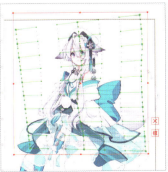
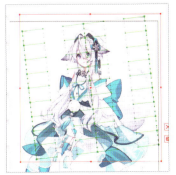

全体の大まかな動き付けはワープデフォーマで行い、角度 XY と体 X の動きを別々に付けている

さらに、アートメッシュでも直接細かい変形を行うことで、より立体感を付けていきます。

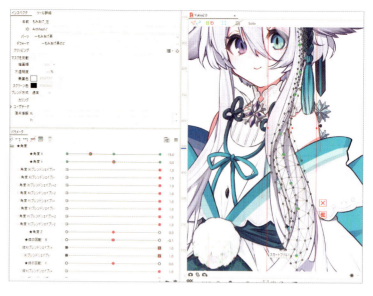

アートメッシュは揺れの動きもブレンドシェイプで作り、立体感を保ったまましなやかな揺れにしています。

参考動画
https://www.youtube.com/watch?v=9ju93_AMLoY

# 物理演算でより効果的に動きを付ける

衣装デザイン：樋口このみ（[X] @CO_NO2162）

乾物ひもの

Live2Dにおける「物理演算」とは、**モデルの動きに合わせて髪の毛や服などの揺れを自動で計算し、動かす機能**のことです。うまく設定すれば、リアルで華やかな動きを付けることが可能になります。上級者向けの操作もありますが、ぜひ何度も読み込んで原理を理解し、躍動感のある動きを作りましょう。

物理演算の設定画面

物理演算の設定は、大まかに分けて「**入力**」「**振り子**」「**出力**」の3つに分けられます。
入力設定と出力設定はそれぞれ**タブを切り替えて**表示されます。

出力設定（緑枠）

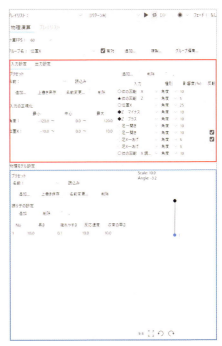

入力設定（赤枠）、振り子の設定（青枠）

### 1

髪の毛を例に実際に動かしてみます。
まずは入力設定を行います。**入力設定では「基準となる動きのパラメータ」を設定**します。髪の毛は、顔を動かすと揺れるため、髪の毛を揺らす基準となる動きは「顔の動き」です。つまり「顔の角度XYZ」のパラメータの動きが基準となります。
入力設定欄の右上にある［追加］ボタンをクリックし、入力用のパラメータを設定します。

［追加］ボタンをクリックし、入力用のパラメータを設定

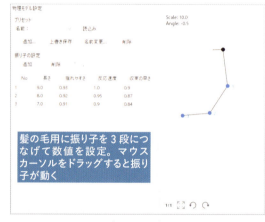

入力設定

### 2

**振り子の設定は、揺れの「速さ」「強さ」「揺れが止まるまでの時間」など、「どのようにパラメータを動かすか」を設定**できる項目です。振り子の球は1つだけでなく、複数を一度に動かすこともでき、これによって複数のパラメータをしなやかに動かすことが可能となります。

初心者で数値の微調整が難しい場合でも、あらかじめ用意されている**プリセット**から部位に合った振り子を選ぶことができます。

髪の毛用に振り子を3段につなげて数値を設定。マウスカーソルをドラッグすると振り子が動く

振り子の設定

参考動画
https://www.youtube.com/watch?v=1KTAa5PCmNQ

### 3

**出力設定では、「物理演算で動かしたいパラメータ」を設定**します。
まず、下図のように髪の毛を複数の段に分けて変形しておきます。

出力設定タブをクリックして、出力設定に切り替えます。出力設定欄の右上にある［追加］ボタンをクリックし、作った3段のパラメータを設定します。No（ナンバー）は振り子のNoと連動しています。

出力設定

4

物理演算の設定画面でマウスカーソルをドラッグすると、髪の毛が揺れるようになりました。振り子と同様の動きをしているのがわかります。これが、物理演算の基本的な使い方です。

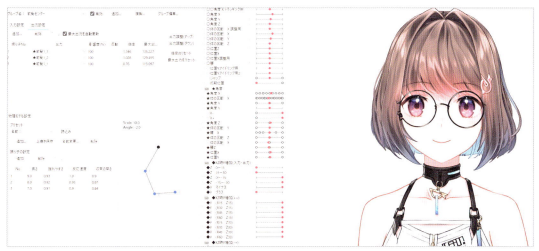

すべての設定が完了した物理演算の設定画面

## Method1　入力の種別「位置X」と「角度」の違い

物理演算に関わる用語をいくつかピックアップして解説します。物理演算を使う上でとても大切なものなのでぜひ覚えましょう。
まずは、物理演算の**入力設定の2つの種別「位置X」**と「**角度**」の違いについて解説します。

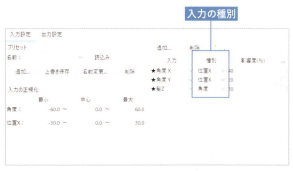

入力設定

入力の種別の違いによって変化するのは、振り子の動き方です。

### 1

種別を「位置X」にした場合、入力パラメータの動きに合わせて**振り子が左右**に動きます。入力パラメータが止まると、振り子はしばらく揺れた後にデフォルトの位置に戻ります。種別「位置X」は、主に**角度X系や角度Y系の揺れ**に使われます。

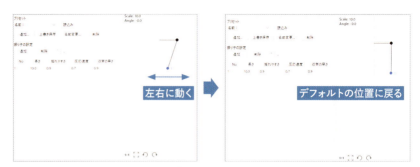

入力の種別「位置X」にした振り子の設定

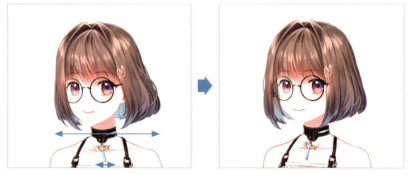

角度X・Yの動きが止まると、揺れものの形もデフォルト状態に戻る

### 2

種別を「角度」にした場合、入力パラメータの動きに合わせて**振り子の角度が傾き**ます。入力パラメータが止まると、振り子はしばらく揺れた後に止まりますが、種別「位置X」とは違い、入力パラメータの数値に合わせて傾いたままになります。
種別「角度」は、主に**角度Z系の揺れ**に使われます。

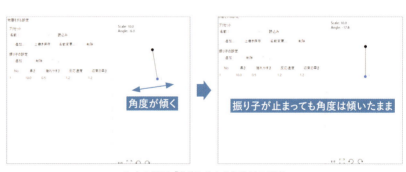

入力の種別「角度」にした振り子の設定

角度Zが傾いたまま止まったときは、それに追従して揺れものも傾いたまま止まる

## 3

入力パラメータは、**1つの物理演算グループに複数設定することが可能**です。種別もそれぞれ個別に設定できます。さまざまな入力と種別を組み合わせることで、一度作った揺れを複数の動きで使い回すことができるのです。

入力設定

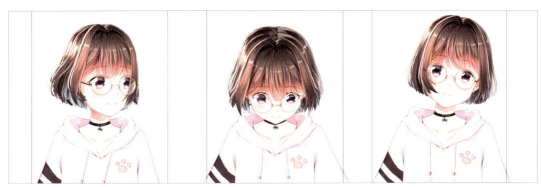

入力：角度X、種別：位置X　　　入力：角度Y、種別：位置X　　　入力：角度Z（髪Z）、種別：角度

## Method2　入力の「影響度」、出力の「倍率」「最大出力」

次に解説するのは、入力の「**影響度**」と、出力の「**倍率**」「**最大出力**」です。

入力設定

出力設定

**1**

入力の影響度では「**どの入力パラメータの動きを、どれだけ出力パラメータに影響させるか**」を決めることができます。

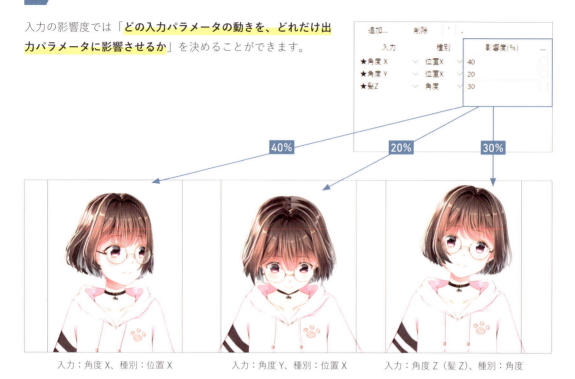

入力：角度X、種別：位置X　　入力：角度Y、種別：位置X　　入力：角度Z（髪Z）、種別：角度

影響度の最大値は、**種別ごと「位置X」「角度」それぞれで最大値が100（%）**です。同じ種別の影響度は100を超えて設定することはできません。
右図は、角度Xで「位置X」の最大値100を使い切ってしまっているので、角度Yは影響度0より数値を上げることができません。

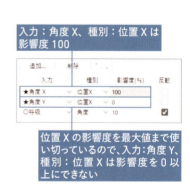

入力の影響度の最大値は100ですが、必ずしも100にする必要はありません。むしろ、普段から影響度はある程度余裕を持って、少なめに設定しておくことをおすすめします。

種別ごとのパラメータが1種類の場合も、最大60程度に影響度を抑えることをおすすめする

影響度の数値を抑えておけば、入力パラメータの種類が増えても、それぞれに数値を割り振ることができる

## 2

出力の倍率とは、要するに「**出力パラメータの動きの大小**」です。数値が大きければ大きいほど、動きは大きくなります。入力の影響度が小さいと、出力パラメータの動きも小さくなってしまうのですが、その分、出力の倍率の数値を大きくすることで、動きを適切な大きさに調整できます。

この「適切な大きさ」への調整は、次で解説する最大出力の値を見て判断します。

入力設定

出力設定

## 3

一般的には、モデルを動かしたとき、**最大出力の値が 100 前後になる倍率**が、**適切な値**といえます。あえて最大出力を極端に小さく＆大きくする技法もありますが、ここでは割愛します。

最大出力の値が極端に少ない場合、揺れが想定より小さくなってしまう場合が多いです。そんなときは、「出力調節（アップ）」をクリックしてみましょう。逆に、最大出力が 100 を大きく超えてしまっていると、揺れがガクガクしてしまう可能性が高いです。そのようなときは［出力調整（ダウン）］クリックすると、最大出力を 100 に抑える倍率に、自動的に調整してくれます。

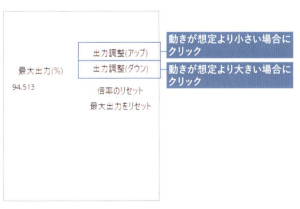

Tips 30　　　　　　　　　　　　　　　　　　　衣装デザイン：樋口このみ（[X] @CO_NO2162）

# 物理演算を使って
# 体の動きを顔の動きに追従させる

乾物ひもの

ここからは、物理演算の応用方法の解説を行います。

物理演算の応用法で代表的なものの1つに、「**角度補正**」があります。角度補正は、主に配信用モデル等のリアルタイムトラッキングで活用されている手法で、Live2Dモデルの顔と体の動きを追従させたり、ブレンドさせたり、少し遅延させたり、はたまた弾む動きを追加して躍動感を出したりと、==実際のカメラから読み取った動きにプラスして、より生き生きとした動きを追加する==ものです。

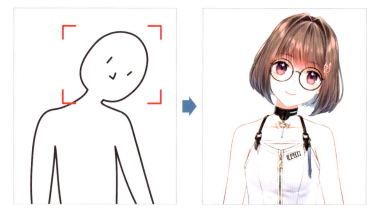

カメラに映る人の動き　　通常だと首の傾きしか検知していない　　モデルの動き

角度補正で体の傾きやひねりを加えることで、躍動感を追加している

原理を理解し、一度物理演算の設定を作ってしまえば、さまざまなモデルに活用でき、短時間でモデルの動きに躍動感を追加できます。直接変形させるには難しい動きなども、角度補正を使えば作業工数を削減できることも多いです。

一方で、角度補正の原理は複雑で、理解するまでが少し大変かもしれません。1つ工程を間違うとうまく動かない、という場合も多く、慣れていないうちは「どこを間違えたかわからない」となりがちです。さらに、前述したとおり、角度補正はあくまでも「==リアルタイムトラッキングで活用されている手法==」です。Live2D Cubism内でアニメーションを作る場合、角度補正が逆に工数を増やしたり、制作を難しくしてしまう場合もあります。
「原理が難しく、リアルタイムトラッキングでしか活きない」と聞くとデメリットが多いようにも思えますが、知っているのと知らないのとでは、できることに大きく差が付く手法でもあります。Live2Dの制作に慣れてきたら、ぜひマスターしてみましょう。

Live2D制作の中で、物理演算を使った角度補正は「仕上げ」の工程に分類されます。
「角度補正を付ければ必ず良いモデルになる」というわけではなく、「ここで紹介されている角度補正をすべて使わないといけない」ことはありません。==キャラクターの性格・ビジュアル、作りたい動きによっては、付けないほうが良い==場合もあります。

Live2Dで制作されたモデルは、顔だけでなく、体、ときには足まで、活き活きと動く作りこまれたものも多いですよね。しかし実は、トラッキングアプリのカメラで読み取っているのは、原則として「顔の動きだけ」です。

**CHECK**

最近は例外として、一部の高機能トラッキングアプリで手の動きを読み取れるハンドトラッキングが実装されましたが、体の動きは依然としてトラッキングすることはできません。

トラッキングアプリ「VTube Studio」の画面

体の動きをトラッキングできないのに、どうやって体を動かしているのでしょうか？
多くのトラッキングアプリの場合、デフォルト状態では「顔と体がまったく同じ」動きをします。つまり、顔のトラッキングをそのまま体の動きにも用いているのです。

Live2Dの公式トラッキングアプリ「nizimaLIVE」の画面

しかし、「常に顔と体がまったく同じ動きをする」というのは、見る側に、動きが硬い印象を与えてしまう場合があります。そこで次に紹介するのが、「顔と体の動きを少しだけずらす」方法です。

Live2D Cubism内のランダム再生機能

085

### 1

[Tips 29]では、入力に顔の角度を、出力に髪の毛のパラメータを入れることで、髪の毛を揺らしていました。ここでは、頭の動きに対して体を少し遅れて追従させることで、より自然な動きにしていきます。

頭の動きに体が少し遅れて追従させることで、より自然な動きになる

では、「顔の動きだけで体を動かす」にはどうすれば良いでしょうか？その答えは、**「顔の角度」を入力に入れ、「体の角度」を出力に入れる**です。

今回は、X軸（左右の動き）を例に作成していきます。入力パラメータには「角度X」、出力パラメータには「体の回転X」を入れました。

このときに大事なポイントは3つです。**「入力の種別」**と**「振り子の設定」**そして**「最大出力」**です。

次から順番に見ていきましょう。

入力設定

出力設定

## 2

まずは「入力の種別」です。体の動きを顔の動きに追従させる場合、入力の種別は「**角度**」にします。入力の種別を角度にすれば、顔の動きが止まっても、体も同じような傾きで止めることができますし、顔と同じような動きをさせることができます。

「入力パラメータと出力パラメータを同じような動きにさせたい」場合は、「入力パラメータの種別を角度にする」と覚えましょう。

種別を「角度」で動かした図

入力の種別を「位置X」にした場合、顔の動きが止まると、体はデフォルトの位置（正面）に戻ってしまいます。動き方もふらふらと安定しません。

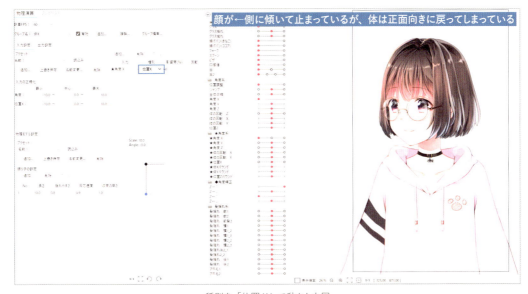

種別を「位置X」で動かした図

3

次のポイントは「振り子の設定」です。
[Tips 29]では説明を割愛していましたが、振り子には「**長さ**」「**揺れやすさ**」「**反応速度**」「**収束の速さ**」という設定項目があり、これらの数値を調整することで、細かく揺れ具合を変えることができます。
それぞれの項目の数値を弄ることによる変化は以下の通りです。

| | |
|---|---|
| 長さ | 数値が大きいほど振り子は長くなり、動きは遅くなる |
| 揺れやすさ | 数値が大きいほど、少しの動きで大きく揺れるようになる |
| 反応速度 | 数値が大きいほど、動きに対して素早く反応するようになる |
| 収束の速さ | 数値が大きいほど、揺れが素早く収束する |

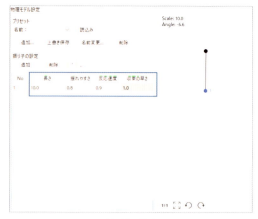

振り子の数値には、絶対的な正解はありません。同じ角度補正に使う振り子でも、モデルの性格や作りたい動きによって、適切な数値は変わってきます。

振り子の設定

振り子の設定に慣れている方なら、すべての値を自分好みに設定することも可能だと思いますが、はじめのうちは数値の目安がないと感覚をつかむのが難しいでしょう。
ここでは、「**A** ゆったりとした動きの数値」「**B** 躍動感のある動きの数値」、そして中級編以降で重要になってくる「**C** 入力パラメータとまったく同じ動きをする数値」の3例を紹介します。まずはこれを使い分けつつ、慣れてきたら自分好みにカスタマイズしてみましょう。

### A ゆったりとした動きの数値
角度補正の場合、長さは10を固定にすると比較がしやすいです。ゆったりとした動きの場合は、揺れやすさ0.9以下、反応速度0.8以下、収束の速さ0.9以下を目安にしてみましょう。

### B 躍動感のある動きの数値
長さは10固定で、躍動感のある動きの場合は揺れやすさは0.9、反応速度と収束の速さは1.0を越えても構いません。(画像では0.9に設定)。ただし、揺れやすさは1.0を超えると制御が難しく揺れ過ぎてしまうので注意しましょう。

### C 入力パラメータとまったく同じ動きをする数値
揺れやすさ、反応速度、収束の速さの数値を極端な値にすることで、入力パラメータと出力パラメータの動きをまったく同じものにできます。今回は使用しませんが、覚えておくと応用が利きます。

## 4

最後のポイントは「出力設定」です。恐らく、ここまでの手順のどおりに入力パラメータの設定、振り子の設定、出力設定を済ませた場合、マウスカーソルをドラッグしても体はほとんど動きません。この原因は、**出力パラメータの倍率が低く、最大出力が 100% を大きく下回っている**ためです。

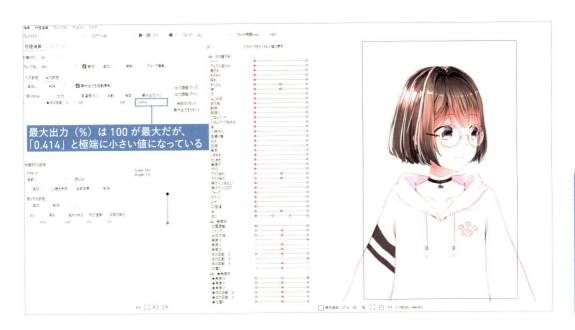

そこで [**出力調整（アップ）**] をクリックして、**最大出力が 100 になるよう、自動的に倍率を調整**します。

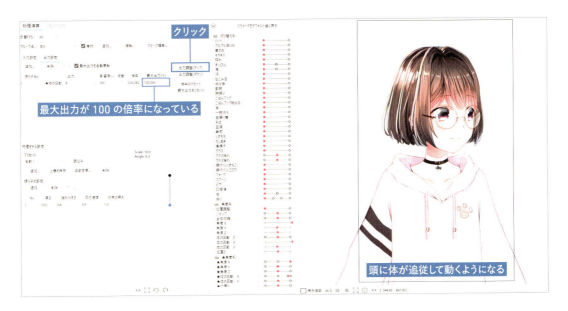

これで、体の動きを顔の動きに追従させることができました。顔と体は同じような動きをしていますが、よく見ると少しずれがあります。このずれ具合は、振り子の数値によって変わるので、慣れてきたら自分好みの設定を突き詰めてみましょう。

倍率が大きくなり過ぎて、最大出力が 100 を極端に越えてしまうと、動きがガクガクしてしまいます。その場合は [**出力調整（ダウン）**] をクリックしましょう。

もちろん、この手法はX軸以外にも使用できます。角度Yと体の回転Y、角度Zと体の回転Zを紐づけても良いでしょう。このとき、**入力パラメータの[反転]にチェックを入れると、顔と体の動きが逆**になります。[反転]にチェックを入れないときと比べ、大人っぽい印象が出ます。状況に応じて使い分けると良いでしょう。

[反転]にチェックを入れたときの動き

ここで解説した「角度補正」は、一度原理を覚えてしまえばとても簡単な半面、ある欠点があります。それは「顔と体の動きをトラッキングアプリで調節できない」ことです。
P.85で「多くのトラッキングアプリの場合、デフォルト状態では顔と体がまったく同じ動きをします。」と解説しましたが、実は**ある程度の調整だけであれば、トラッキングアプリ上でも可能**です。

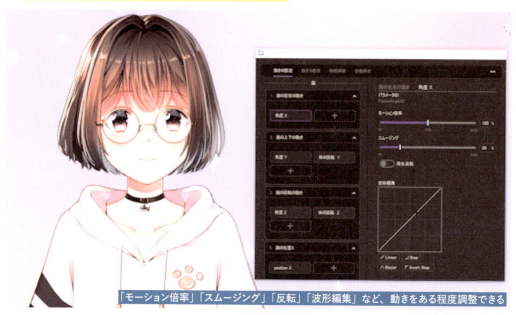

「モーション倍率」「スムージング」「反転」「波形編集」など、動きをある程度調整できる

「nizimaLIVE」のトラッキング設定画面

しかし、**物理演算の出力パラメータとして設定されているパラメータは、トラッキングより物理演算が優先**されます。そのため、「角度補正」の手法を使ってしまうと、出力パラメータに入れたパラメータはトラッキングアプリ上で設定を調整できなくなり、「体の動きだけ小さくしたい」「顔の動きだけ控えめにしたい」「顔と体の動きを逆にしたい」といった調整が一切できなくなります。トラッキングアプリ側で調整が一切できないというのは、場合によっては大きなデメリットになります。
そこで紹介するのが、次の[Tips 31]の方法です。

「出力設定」に入れたパラメータをトラッキングアプリで動かそうとしても、物理演算の動きのほうが優先されてしまう

Tips 31

衣装デザイン：樋口このみ（[X] @CO_NO2162）

# トラッキング用、
# 物理演算用でパラメータを分ける

乾物ひもの

前ページでは、顔と体のパラメータを紐づけてしまったばかりにトラッキングアプリ上で体の調整ができなくなってしまうデメリットを紹介しました。それを解決するために「**体は体で個別に物理演算を管理する**」方法を紹介します。

## 1

まずは体のパラメータを複製します。パラメータ名の上で右クリックすると、[パラメータ複製]を選べます。

パラメータ名上で右クリック
クリックして選択

 POINT

複製したパラメータは、わかりやすいよう名前を変えておきましょう。自分でわかるものであれば、名前は何でも構いません。

複製したほうのパラメータに★マークを付けた

## 2

体のモデリングを「後から作ったパラメータ」、つまり、今回でいえば★マークのパラメータのほうで行います。もし、すでに元からあったパラメータに動きを付けてしまっていた場合は、パラメータ上で右クリック→右側のメニューから[選択]をクリック→同じく右側メニューから[変更]を選び、★マークのパラメータに丸ごと動きを移し替えましょう。
これで、パラメータの設定は完了です。
**元々あったパラメータには何もキー（点）を打ちません。**

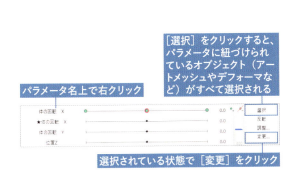

パラメータ名上で右クリック

[選択]をクリックすると、パラメータに紐づけられているオブジェクト（アートメッシュやデフォーマなど）がすべて選択される

選択されている状態で[変更]をクリック

パラメータ変更ダイアログで移し替えたいパラメータを選択する

**3**

パラメータの設定が終わったら、物理演算設定に移り、先ほど「顔の角度」を入れていた**入力部分に「元々あった体のパラメータ」**を入れます。

物理演算設定

振り子の設定・出力設定の方法は[Tips 30]と変わりません。

**4**

「角度 X」と「体の回転 X」を動かしてみると、顔と体、それぞれが個別に動きます。

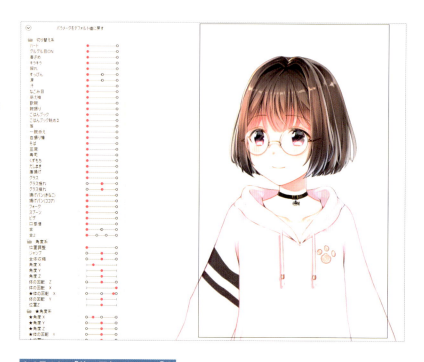

よく見ると、「体の回転 X」より「★体の回転 X」の動きのほうが少しだけ遅い（★マークのパラメータのほうの動きが遅れている）

## 5

この状態でトラッキングアプリにモデルを読み込めば、[Tips 30]のときのように顔と体の動きをずらすことができるだけでなく、トラッキングアプリ側で顔と体の動きを別々に調節できます。

「nizimaLIVE」の画面

[Tips 30]と同じように体のパラメータ設定で［反転］にチェックを入れると、顔と体が反対方向に動くようになる。体をひねるような動きが追加され、躍動感が出る

トラッキング用・物理演算用でパラメータを分ける手法も、[Tips 30]と同じようにほかの角度系パラメータにも使えます。右図のように、角度X以外も物理演算用とトラッキング用にパラメータを分けた場合、それぞれの振り子の設定を変えることで、細かい動きの違いを出す上級テクニックが使えます。

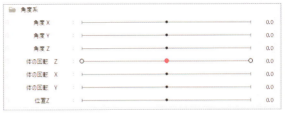

[Tips 30]のPOINTで紹介した振り子の数値を用いて例を出します。

Aの体の回転Xの動きはゆったりと遅い動きをさせたいので、振り子をゆっくりした動きに設定した例です。

Bの体の回転Yは躍動感のある動きにしたいので、振り子の動きを大きく早くした例です。

Cの顔の動きは余計な遅延を作りたくないので、「入力パラメータと同じ動き」の極端な設定にした例です。

Cの振り子は、「入力パラメータと出力パラメータがまったく同じ動きをする」ので、一見すると「直接入力パラメータに点を打って変形を作る」のと見た目の動きは変わりません。それなのになぜ、わざわざパラメータを分けるのでしょうか？それは「**のちのち色々応用が効くから**」という理由に尽きます。物理演算設定でやれることが増えてくると、大きなポイントになっていきます。

## Tips 32
# バウンド用・遅延用の
# パラメータを作る

乾物ひもの

[Tips 29]で紹介した、「位置X」と「角度」の違いについて、振り子の揺れ方にはもうひとつ大きな違いがあります。一連の応用方法で使っている「角度」という物理演算の種別は、「位置X」より圧倒的に揺れにくいのです。

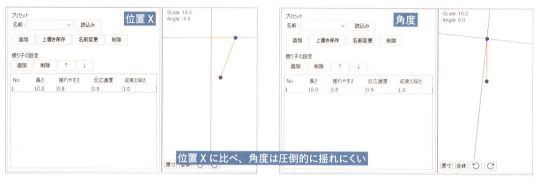

「長さ」「揺れやすさ」「反応速度」「収束の速さ」の値を同じにした種別「位置X」と「角度」の振り子の比較

そのため、追従させるときに大きく弾むような動きを作りたくても、種別「角度」だけでは限界があります。しかし、ここで紹介する方法を使えば、種別「位置X」の大きく弾む動きを種別「角度」にも取り入れることができます。
[Tips 29][Tips 30]ではパラメータ「角度X」を例に紹介したので、ここではパラメータ「角度Y」を例に作ります。

### 1

新たにもうひとつ「弾ませる動き専用」のパラメータを追加します。「名前」「ID」「範囲」の最小値と最大値は自由に決めてOKです。
本書では右図のように設定しました。

これで、1つの動きにつき、パラメータは3種類になりました。

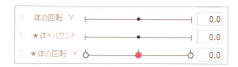

### 2

[モデリング] メニュー →[物理演算設定] のダイアログで [グループ編集] をクリックし、物理演算に新しいグループを追加します。「バウンド用（弾ませる動き専用）」の新しい物理演算グループを、**追従用グループの上**に作ります。

物理演算グループ編集ダイアログ

#### POINT

新しく追加した物理演算グループと追従用グループ順が逆だと、赤いエラーが出て正しく動作しなくなります。

追加した物理演算グループの名前は「体Yバウンド」としました。
入力パラメータには体の角度Yを設定した「体の回転Y」を入れ、種別を「位置X」にします。

入力設定

### 3

振り子の設定は、**大げさに揺れるくらい**が丁度良いです。

振り子の設定

### 4

出力設定には、先ほど 1 で作ったパラメータ「★体 Y バウンド」を入れます。
これで下準備は OK です。

出力設定

### 5

下準備が完了したら、今度はすでにある「体の追従用の物理演算グループ」の入力に、パラメータ「★体 Y バウンド」を種別「角度」で追加し、[反転] にチェックを入れます。
これでバウンドの補正は完成です。

入力設定

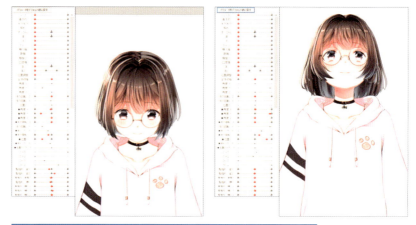

この状態でモデルを動かしてみると、弾むような動きが追加されている

参考動画
https://www.youtube.com/watch?v=9M7jrKD-f3g

[反転] にチェックを入れずに作ると、後ほど紹介する「遅延用」の補正パラメータになります。原理は後ほど詳しく紹介しますので、今は「[反転] にチェックを入れるとバウンド（激しく動く）」「[反転] にチェックを入れないと遅延（ゆっくり動く）」と覚えておきましょう。

096

## 6

構造としては、右図のようになっています。入力用と出力用、2つの体Yのパラメータの間にバウンド用のパラメータを挟むことで、通常では難しい動きを可能にしているのです。

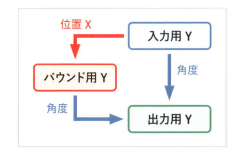

## 7

前ページのPOINTで「バウンド用パラメータは［反転］にチェックを入れないと遅延用パラメータになる」と解説しました。実際に、チェックを入れず遅延用のパラメータとして使う場合の動きを見てみましょう。［反転］にチェックを入れたときに比べ、動きの始まりがゆったりとします。同じ補正でも、先ほどのバウンドする動きに比べ、「**大人っぽい**」「**静かな**」印象が出ます。
モデルの性格や好みによって使い分けると良いでしょう。

参考動画
https://www.youtube.com/watch?v=XWi6ZiEBEEY

［反転］にチェックを入れないときの動き

しかしなぜ、［反転］のチェックの有無でこのような動きの違いが生まれるのでしょうか？
6 の図を見てみると、出力パラメータの動きは、入力用パラメータとバウンド用（もしくは遅延用）パラメータの動きを足したものとして計算されます。**入力用パラメータがプラス側に動くとき、バウンド用パラメータはマイナス側に動きます。**

振り子の設定

097

出力パラメータは、入力パラメータとバウンド用パラメータを足した動き、つまり==「＋側に動いている入力用パラメータ」と「−側に動いているバウンド用パラメータ」の動きとなる==ため、[反転]にチェックを入れないと、動きはじめは動きが相殺され、入力パラメータより動き幅が小さくなります。これが「遅延パラメータ」としての原理です。

逆に、**反転にチェックを入れた場合、「−側に動いているパラメータの反転＝＋側の動き」になる**ため、出力パラメータは入力パラメータより動き幅が大きくなります。

これらの「バウンド用パラメータ」と「遅延用パラメータ」の動きをどれだけ出力パラメータに取り入れるかは、入力パラメータと補正パラメータの影響度の差によって変わります。体の動きの補正として使用する場合は、==入力パラメータの3分の1ほどが自然に見える値==です。

入力パラメータの動きはじめは、出力パラメータは動きが相殺されて動き幅が小さい

動きはじめ

入力パラメータからのマイナスの動きがなくなり、出力パラメータの動き幅は大きくなる

止まったり、反対方向に動き出したとき

動きはじめから出力パラメータの動きは、入力パラメータより大きくなる

反転にチェックを入れた場合

補正パラメータの影響度が大きいほど、補正パラメータの動きがより多く出力パラメータに取り入れられる

この数値だとかなり大げさな動きになってしまう

### POINT

[Tips 31]の最後に「入力パラメータと出力パラメータの動きがまったく同じになる振り子の設定は、物理演算設定でやれることが増えてくると、とても大きなポイントになっていきます」と記述しました。[Tips 30][Tips 31]の内容がすべての角度系パラメータに利用できるのと同じように、[Tips 32]の内容もすべての角度系パラメータで利用ができます。たとえば、先ほど作成した体Yのバウンド用パラメータを、顔の角度Yに入れ込むこともできます。

まずは入力用と出力用パラメータを用意

角度Y用の物理演算グループを作り、体Yバウンドを入力パラメータに入れた

入力設定　　　　　　　　　　　　出力設定

このとき、顔用の振り子の設定を、「入力パラメータと出力パラメータの動きがまったく同じになる」ものにしておくと、**同じバウンド用パラメータを使っていながら、顔と体の動きには少しずれが生まれ**ます。「顔の動きは、トラッキングとの差（遅延）をなるべく作りたくないけど、弾ませる動きなどの補正は入れたい」といった、細かい要望にも応えられるようになるのが、この「入力パラメータと出力パラメータの動きがまったく同じになる」振り子の設定です。

Tips 33

# 遅延表現でリアルに見せる

ののん。

物理演算の表現の1つとして、**物理遅延表現**という遅延させた動きを作ることができます。たとえば、前髪の角度Zの揺れと後ろ髪の角度Zの揺れを遅延させてずらすと少しリアルに見えます。**髪の毛の重さによって揺れ方を変えると、雰囲気を変えることができておすすめ**です。遅延表現を用いることでより表現の幅を増やせます。髪の毛だけでなく色々な表現に応用できるので、ぜひ覚えておきましょう。

## 1

今回は、角度Zで前髪や後ろ髪がふんわりと下がる設定をしていきます。図のように角度Zで「前髪角度Z_1」が動いた後、さらにその下で「前髪角度Z_2」が遅れて動くようにします。
まず［モデリング］メニュー→［物理演算設定］を開きます。

角度Zでは前髪角度Z_1が動き、さらにその下に前髪Z_2が遅れて動いていることがわかる

［入力設定］で「前髪角度Z_1」の入力は「角度Z」、種別は「角度」にします。種別を「位置」にしてしまうと髪がブラブラと揺れてしまいます。**種別を「角度」にすることで、角度が付いたときにその方向へパラメータが動く**仕組みにできます。

入力設定

出力設定

## 2

物理遅延を作る際、今度は「前髪角度Z_1」が動いたときに「前髪角度Z_2」の物理が動くという方法にすることで、遅延して揺らすことができます。数が増えれば増えるほどずらすことが可能です。

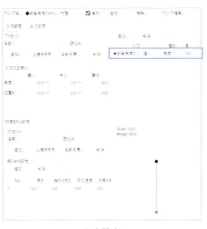

入力設定

出力設定

# まばたきをしたときの
# まつ毛の揺れを作る

© しゅがお（[X] @haru_sugar02）

fumi

まばたきをしたときに**まつ毛の揺れ表現を加える**と、リアリティが増します。

**1**

右まつ毛の各パーツを揺れ用のデフォーマに入れて、「R上まつ毛1」と「R上まつ毛2」パラメータで、それぞれ揺れの段階を少し付けます。
左まつ毛も同じように作成します。

パラメータパレット

R上まつ毛1のデフォーマ

R上まつ毛2のデフォーマ

デフォーマパレット

**2**

[モデリング] メニュー→ [物理演算設定]
で、目の開閉の動きに **1** で作った揺れの
動きが連動するようにしていきます。
「入力設定」に、目の開閉のパラメータを
設定します。

右まつ毛の物理演算設定（入力設定）

**3**

振り子の設定は、2段振り子を設定します。
1段目、2段目と段階的な揺れにできます。

右まつ毛の物理演算設定（振り子の設定）

**4**

「出力設定」に **1** で作った揺れ用のパラメー
タを設定します。**3** で作成した1段階目の
振り子に「R上まつ毛2」、2段階目の振
り子に「R上まつ毛1」を設定しました。

右まつ毛の物理演算設定（出力設定）

**5**

これで、まばたきに連動してまつ毛が揺れるようになります。原理と
しては、==目の開閉（入力）==すると、==まつ毛が揺れる（出力）==という仕組
みです。
まばたきの速度によって、まつ毛の揺れ方も変わります。==**まばたきが
ゆっくりであればまつ毛の揺れは小さく、勢い良くまばたきをすれば
まつ毛は大きく揺れ**==ます。

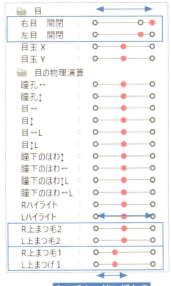

> **CHECK**
> 特典ファイル（**P.6**）も参照して、実際の動きを確認しましょう。

© しゅがお（[X] @haru_sugar02）

# 呼吸に合わせた動きを作る

fumi

**呼吸パラメータは一定の動きを自動で行っている**パラメータです。これに物理演算で紐づけて**腕の動きを追加**すると、単に静止しているよりは、リアリティやキャラクターの可愛さにつながる演出になるのでおすすめです。

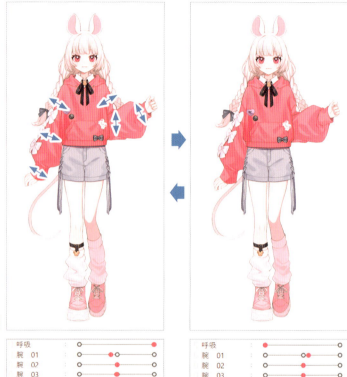

呼吸に合わせて腕を動かす

## 1

回転デフォーマを使って腕の動きを作成します。肩からの揺れ、ひじあたりからの揺れ、手首の揺れと**段階的にパラメータを設定**することで、リッチに見えます。

パラメータパレット

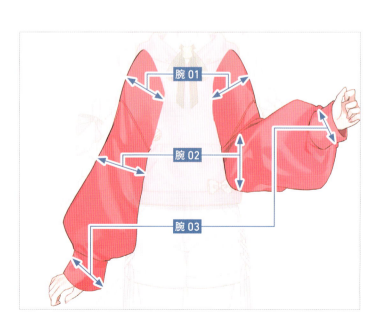

## 2

[モデリング] メニュー→ [物理演算設定] で、「入力設定」に、「呼吸」のパラメータを設定します。

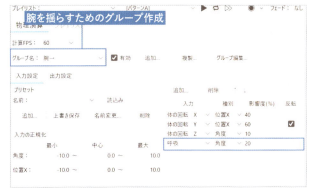

腕の物理演算設定（入力設定）

 **POINT**

「体の回転 X」「体の回転 Y」「体の回転 Z」のパラメータも入力に入れることで、体が動いたときにも腕が揺れるようになります。「体の回転 Y」に [反転] のチェックが入っているのは、**上を向いたときに腕が広がり、下を向いたときに閉じる**ようにするためです。

## 3

今回振り子は 4 段にしました。複数の振り子により、リッチな動きを表現できます。

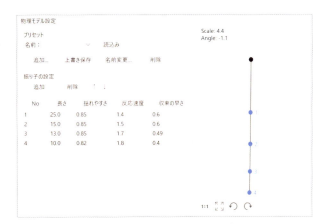

腕の物理演算設定（振り子の設定）

## 4

「出力設定」に 1 のパラメータを設定します。3 で作成した 1 段階目の振り子に「腕 01」、2 段階目の振り子に「腕 02」、3 段階目の振り子に「腕 03」を設定しました。これで、呼吸に合わせてゆったりと腕が動くようになります。

**CHECK**

腕以外にも、髪をふわふわさせたり、アクセサリー類を揺らしたりといったことも効果的です。

腕の物理演算設定（出力設定）

© しゅがお（[X] @haru_sugar02）

# 首の影を別の部位に分けておく

fumi

イラストの段階で首にある頭の影を統合済であることが多いと思いますが、**首の塗りと影の部位を分けて、頭の動きに合わせてそれぞれ動かして**あげると、影の自由度が高まるため、表現の幅が広がります。

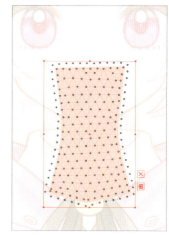

首の塗り

> **CHECK**
>
> 輪郭線も分けておくと良いでしょう。**線と塗りをあえて分けることで、特定の部位を線と塗りで挟む**ことができます。たとえば、影を線と塗りの間に挟むといった使い方です。

首の輪郭線

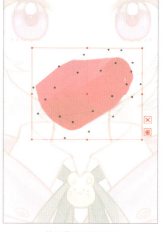

首に落ちる頭の影

首の影パーツは、首の塗りパーツにクリッピングして、どれだけ動かしても首の範囲からはみ出ないようにする

> **CHECK**
>
> 首だけでなく、動かすことの多い部位の影は分けておくと良いでしょう。たとえば、手などです。

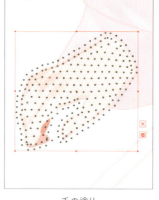

手の塗り

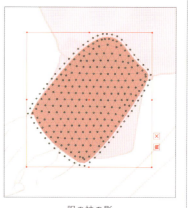

服の袖の影

## Tips 31

# ひざの動きを加える

©しゅがお（[X] @haru_sugar02）

fumi

意外と棒立になりがちな配信用モデルですが、立ち絵のポージングに合わせて**ひざのひねり**を加えてあげると、よりキャラクターの可愛さを演出できます。
今回でいうと、立ち絵の段階で若干左足を曲げているので、**顔と体が下に向く際に、少し屈伸するような動き**を加えます。

通常の状態　　　　曲げたひざ

### 1

Y 軸方向の動きを設定しているパラメータで、下を向く際の動きにひざの動きを加えます。

パラメータパレット

### 2

棒立ちのときよりも可愛くなると思います。
さらに、体の回転 X でひざの動きを調整をすることで**腰のひねり**を演出し、しなやかな立ち姿の「らしさ」がアップします。細かい部分ではありますがクオリティが上がります。

曲げたひざ　　　　曲げたひざ＋腰のひねり

# 後ろ髪の側面を作る

乾物ひもの

後ろ髪のモデリングは、前髪や横髪に比べて難しく、どうしても平面的になりがちです。そのため、パーツ分けの段階で工夫するとその後の作業が楽になります。

シンプルな構造で、低可動域のモデルの場合、後ろ髪は1パーツで作られていることが多いです。この構造のまま可動域を増やしてしまうと、後ろ髪が見える範囲がどんどん大きくなります。

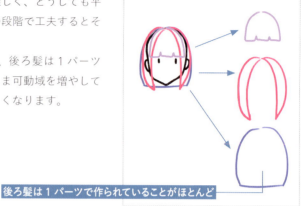

後ろ髪は1パーツで作られていることがほとんど

この状態で後ろ髪をただスライドさせるだけだと、どうしても前髪や横髪と比べて後ろ髪が平面的に見えたり、スキマができてしまったり、影の付き方に違和感が出ることが多くなります。

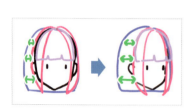  

そこでおすすめなのが、**「後ろ髪の側面」パーツを作る**ことです。パーツを個別に作ることで、横を向いたときにパーツを引き延ばすのが楽になり、立体感を付けやすくなります。ここで紹介しているモデルの場合は、お団子の結び目部分を別パーツにして動かしやすくしました。

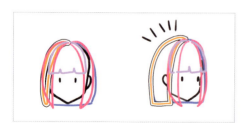  

「後ろ髪の側面」パーツを作る

Before → After

## Tips 39

© 城真ゆかな（[X] @SiromaYukanaV）　イラスト：のう（[X] @nounoknown）

# つむじや結び目は別パーツにする

乾物ひもの

サイドテールやポニーテールなど、結んだ髪型の場合は、後頭部のパーツはそのままで、**結び目の影だけを別パーツにする**と良いでしょう。

### 1

結び目の影を別パーツで描きます。見切れている部分もはみ出して描きます。

### 2

別パーツとして描いた結び目の影を、後頭部のパーツにクリッピングします。このようにすることで、**横を向いたときに徐々に影が回り込む立体的な表現が可能**となります。

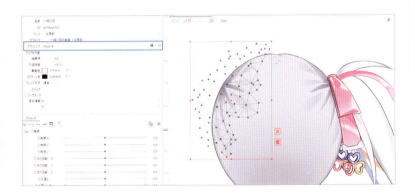

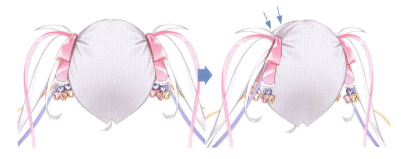

### 3

同じような原理で、**つむじも別パーツにすると立体感を付けやすくなります。**

## Tips 40

© 城真ゆかな（[X] @SiromaYukanaV）　イラスト：のう（[X] @nounoknown）

# うなじを作ってバランスよくなじませる

乾物ひもの

高可動域のモデルの場合、大きく斜め上を向いたときに首が長く見えすぎたり、後頭部とうまくなじまないことが多いです。そんなときは、**うなじパーツ**を作ってみましょう。

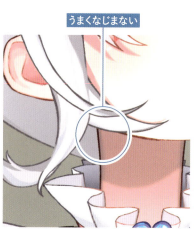

### 1

ギザギザの生え際を描いたパーツを用意し、**首の手前にくっつけ**ます。これで、後頭部と首の境目が自然になります。

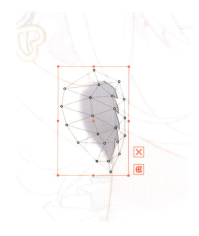
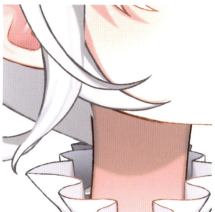

### 2

正面向きのときは、縮めて**顔の後ろに隠し**ます。

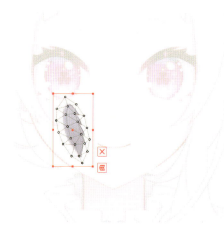
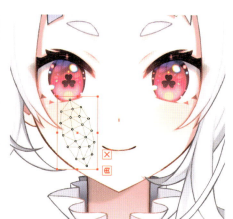

## Tips 41

# スキニングを使った髪揺れ

ののん。

スキニングは**自動で髪の揺れなどの動きを作ることができる機能**です。しかし、スキニングをかけると回転デフォーマで管理されるため、ワープデフォーマなどで作成した変形が無効となり、角度Xや角度Yの形が崩れてしまいます。使い方が非常に難しい機能のため、あまり使いこなせていないという人も多いのではないでしょうか。今回はスキニングをかけても形が崩れない髪揺れの作り方を紹介します。慣れてくると自然な髪揺れを簡単に作ることができるので、ぜひ試してみてください。

なお、スキニングのデメリットとして、修正をする場合は作ったスキニングをまるごと削除して再度かけ直す必要があります。スキニングをかけるときは最後の工程として行うのが良いでしょう。

### 1

まず、スキニングをかける前髪に［変形パスツール］（**アートメッシュにコントロールポイントを設定することで、まとめて頂点を移動できるツール**）で変形パスを配置します。ここで前髪のアートメッシュに変形をかけているワープデフォーマを確認すると、角度Xと角度Yにキーが打たれているので、前髪のアートメッシュも同じ場所にキーを打ちます。

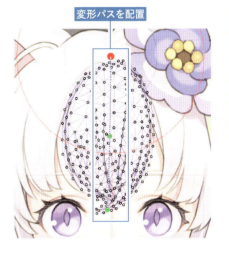

変形パスを配置

アートメッシュにもキーを打つ

### POINT

アートメッシュにキーを打たずスキニングをかけてしまうと、図のように変形が無効となって形が破綻してしまいます。

変形内容がスキニングにより無効となる

## 2

［モデリング］メニュー→［スキニング］→［変形パスからスキニング］でスキニングをかけます。スキニングをかけると下図のような回転デフォーマが作成され、変形は無効になっています。

回転デフォーマが作成される

しかし、ここで分かれている前髪のパーツを確認すると、回転デフォーマの下に入っているアートメッシュにキーが打たれています。この状態で角度Xを見ると、**変形を維持したままスキニングがかかっている**ことがわかります。

作成された回転デフォーマに入っているアートメッシュにキーが打たれている

スキニングは変形パスを打つ数によって数が変わります。たとえば3個なら6段揺れ、4個なら8段揺れと2個ずつ上がっていきます。スキニングを多くかけてしまうと動作が非常に重くなってしまうため、**3～4個までをおすすめ**します。

Tips 42　kson（[X] @ksononair）　©VShojo, Inc. All Rights Reserved.　イラスト：yaman**（[X] @yamanta_15）

# リアルでリッチな胸揺れ

乾物ひもの

リッチな胸の揺れを作りたい場合、「**縦揺れ**」と「**横揺れ**」の2種類の揺れを作ることをおすすめします。それぞれの揺れは、パラメータを2種類ずつ使います。

## Method1　縦揺れ

まずは縦揺れの動きを見てみましょう。ワープデフォーマを使って作成します。

### 1

「胸1」パラメータでは、胸が以下の矢印のように動くようにデフォーマを変形させています。

パラメータが＋側に動くとき　　　　　　　　パラメータが－側に動くとき

### 2

次に、「胸2」パラメータでは、「胸1」パラメータとは逆方向の動きを作ります。

パラメータが＋側に動くとき　　　　　　　　パラメータが－側に動くとき

## 3

「胸1」「胸2」の2つのパラメータを、物理演算設定の2段振り子で動かします。「縦揺れ」なので、入力パラメータには体のY軸の動きを入れます。筆者は体Yを「上半身」と「下半身」の2パラメータに分けて作っているため、その2パラメータを入れていますが、1パラメータでまとめてしまっている方はそれだけ入れればOKです。
入力設定の画像ではほかにも色々とパラメータが入っていますが、後ほど解説します。

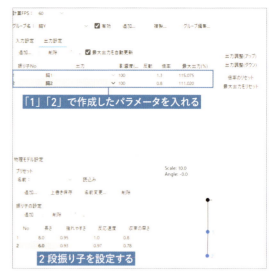

出力設定、振り子の設定

入力設定

## 4

これで、体Yの動きに応じて、丸みの帯びた胸揺れを作ることができます。

参考動画
https://www.youtube.com/watch?v=SJ115H9nmtM

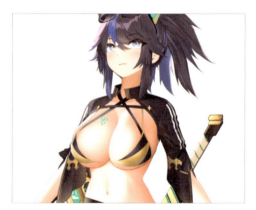

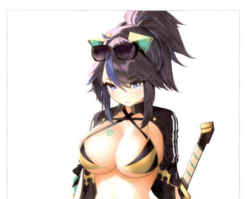

### 5

先ほど割愛していた2つの入力パラメータ。そのうちの1つは体Xのパラメータです。[Method2]で胸の横揺れも作りますが、それとは別に、今作った「胸が寄ったり離れたりして上下する」縦揺れの動きを、体Xの動きに応じても少しだけ動かすようにします。

体Xも少しだけ入力に入れる

今回は「体X」パラメータの名前が「体Xバウンド」、種別が「角度」になっています。これは、[Tips 32]で解説した、バウンド用パラメータで作成しています。バウンド用パラメータを作成しない場合は、種別は「位置X」にしてください。

### 6

最後に「上着OFF」パラメータについて解説します。こちらのモデルは、上着をON／OFFできる差分を制作しており、そのON／OFFパラメータを入力設定に入れることで、上着を脱いだ瞬間に少しだけ胸を揺らすことができます。配信用モデルで取り入れると、服のON／OFFの動きにリッチさをプラスできるので、ぜひ取り入れてみてください。

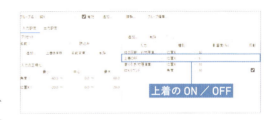

上着のON／OFF

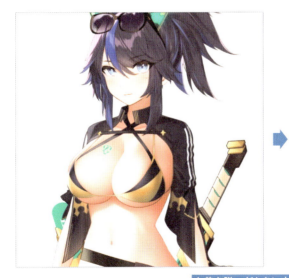
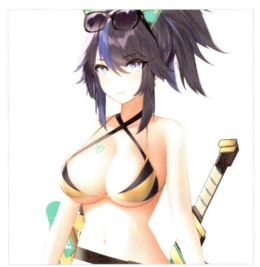

上着を脱いだときに少しだけ胸が揺れる

参考動画
https://www.youtube.com/watch?v=evAcvXA23yE

## Method2 横揺れ

胸の横揺れを作成します。縦揺れと同じく、ワープデフォーマを使って動きを作成し、パラメータを2つ用意します。

### 1

「胸3」パラメータでは、左胸の動きを大きめに、右胸はそれにつられて小さめに動くように作ります。

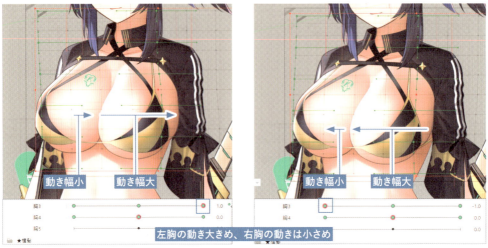

パラメータが＋側に動くとき　　　　　　　　パラメータが－側に動くとき

### 2

「胸4」パラメータはその逆で、右胸の動きを大きめに、左胸はそれにつられて小さく動くように作ります。**大きく動くほうの胸に、小さく動くほうの胸がつぶされているイメージ**で作るとわかりやすいです。

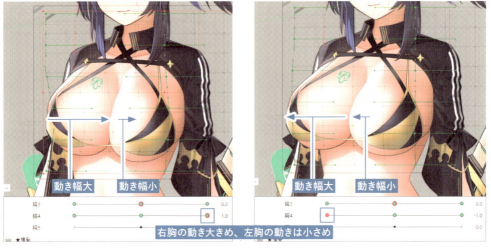

パラメータが＋側に動くとき　　　　　　　　パラメータが－側に動くとき

## 3

デフォーマでの変形が完了したら、縦揺れのときと同じように、2段振り子で物理演算グループを作成します。

入力パラメータには、体Xと体Zを入れます。こうすることで、体のXの動きや体のZの動きに応じて胸が横揺れします。

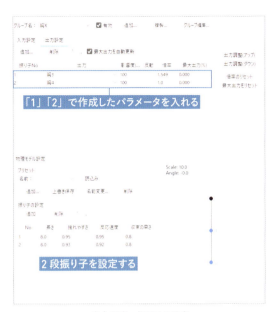

入力設定　　　　　　　　　　　　　　出力設定、振り子の設定

動きを左右に分けたことで、ずれが生まれ、**左右の胸の肉が少しずれて動く**ようなリアルな動きを作り出すことができます。

参考動画
https://www.youtube.com/watch?v=tfmBzgU8hCA

体Xに応じた胸揺れ

体Zに応じた胸揺れ

kson（[X] @ksononair）　©VShojo, Inc. All Rights Reserved.　イラスト：yaman**（[X] @yamanta_15）

# 肉感を意識した胸の揺れを作る

乾物ひもの

このモデルは、一度は［Tips 42］で解説した胸の揺れを制作した状態で納品をしたのですが、依頼者から、「もう少し胸の重量感と柔らかさが欲しい」と要望をいただき、さらに追加で揺れを作ることになりました。ここからは応用編として、追加で制作した動きをご紹介します。

**1**

まずは、右図の青丸のついた部分、「**ビキニからはみ出ている部分は、布の支えがない分、より揺れが大きくなるであろう**」として、揺れを追加することにしました。

追加の揺れは**ブレンドシェイプを使用し、アートメッシュを直接変形**させています。

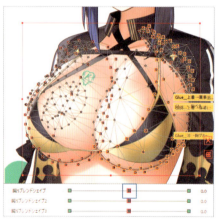

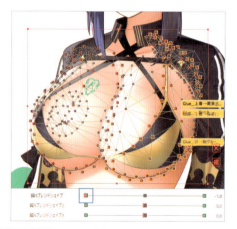

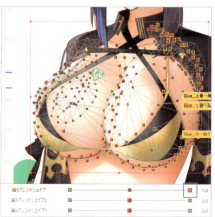

### 2

作ったブレンドシェイプを、「胸Y」の物理演算グループに追加します。
さらに、振り子の設定を3段に変更し、**3段目に追加の揺れ**を入れています。

参考動画
https://www.youtube.com/watch?v=hTBw-IqcP9g

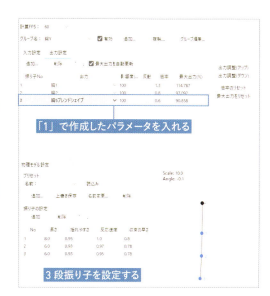
「1」で作成したパラメータを入れる
3段振り子を設定する

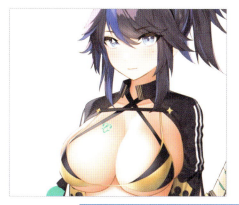
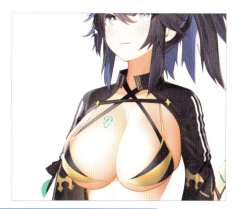

[Tips42]の揺れと比べてみると、より肉感と柔らかさがプラスされている

---

 Tips: 44　　kson（[X] @ksononair）　©VShojo, Inc. All Rights Reserved.　イラスト：yaman**（[X] @yamanta_15）

# 胸の立体感を補強する

乾物ひもの

**胸の影やハイライトの不透明度を変えて、立体感を表現**する手法を追加します。

### 1

こちらのモデルは、右図のように影を別パーツに分け、ブレンド方式（P.165）を「乗算」で胸パーツにクリッピングしています。

インスペクタパレット

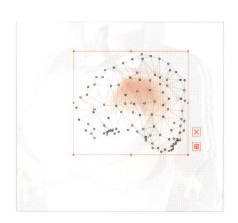

## 2

影パーツを胸の縦揺れに合わせて不透明度を変化させることで、**胸の丸みを強調**させます。

インスペクタパレット

影薄め

インスペクタパレット

影濃いめ

## 3

また、「揺れ」というより「角度変形」の解説になりますが、こちらのモデルは、大きく→側を向いたときに、→側の胸のハイライトを消しています。

ここのハイライトを消している

制作方法は、まずハイライトを丸ごと覆うような影パーツを作り、左胸にクリッピングします。体の向きがちょうど正面になったときに、影パーツの不透明度が100%になるように設定しています。

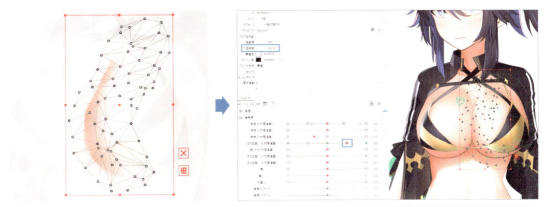

ハイライトを覆う影パーツを胸にクリッピング　　体の向きが正面のときに影パーツの不透明度を「100%」にする

### 4

さらに、右胸の部位が入ったパーツのフォルダを、インスペクタパレットで［グループ化］にチェックを入れ、［描画順］の数値を正面向きのときに左胸より大きくし、胸の順番を入れ替えることができます。

**POINT**

左右の胸が入ったパーツのフォルダを作り、そのフォルダの［グループ化］にもチェックを入れておくと、ほかの部分の描画順に胸の描画順が干渉しなくなるのでおすすめです。

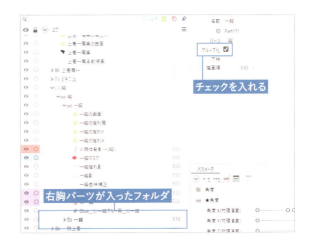

**POINT**

［描画順］の数値が高いオブジェクトほど前面に表示されます。

このパラメータのときに描画順を「510」にする

## Tips 45

# パーツ分けされていない指を動かす

ののん。

手のひらと指のパーツが分かれていない場合でも、**指の部分をメッシュの割り方と一時変形ツールを使って動かす**ことができます。一時変形ツールを使えば、アートメッシュやデフォーマなどの**頂点を持つオブジェクトを細かく変形**できます。パーツ分けが難しい場合、この方法で表現を増やすことが可能です。

物理演算による自然な揺れなどに少し広げる表現があると可愛い印象になります。アートメッシュで動きを付けるというのも表現のポイントになるでしょう。

参考動画
https://x.com/nonon_yuno/status/1603949867902304258

### 1

メッシュを右図のように割った後、ツール詳細パレットで［自動接続］せずに決定☑を押します。

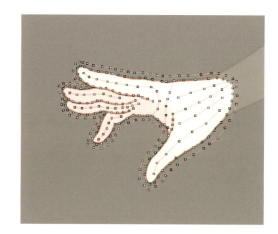

### 2

曲げたい指の部分のみを選択して［モデリング］メニュー→［一時変形ツール］→［一時パス変形］を実行すると、一時変形ツールが使えるようになります。一時変形ツールを使うと、選択した部分だけを曲げることができます。同じように閉じる動きも作ります。

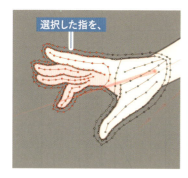

選択した指を、

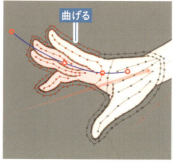

曲げる

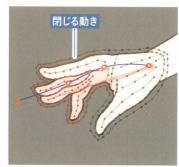

閉じる動き

パラメータパレットのメニュー→［拡張補間］で補間方式を［SNS補間］にすると、動きをより滑らかにできます。

## 3

指先の動きができたら親指も同じように選択して一時変形ツールで動きを作ります。
最後にメッシュの微調整をして形を整えます。手を開いたり閉じたりする動きが完成しました。

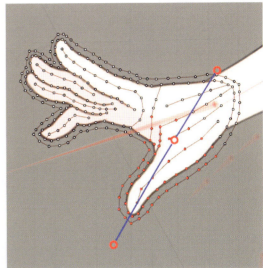

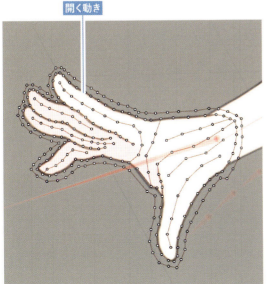
開く動き

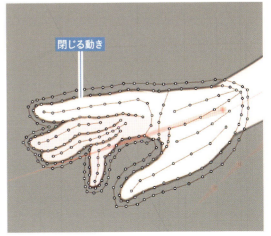
閉じる動き

# スカートに裏地を付ける

ののん。

スカートの立体感や揺れる動きを付けるとき、**裏地**を付けると表現の幅が広がります。裏地がない場合は、**スカートの表部分のパーツを使って裏地を作り**ましょう。

### 1

スカートの1部分を複製し、インスペクタパレットで[描画順]をメイン部分よりも後ろに設定します。裏地が見えるように配置し、スクリーン色や乗算色を使って色を暗めにします。

この表現はスカートだけでなく、袖など裏地が必要なほかのパーツにも応用できます。

裏地

乗算色は、オブジェクトに指定した色を乗算合成できます。合成後は、指定した色よりも暗くなります。スクリーン色は、指定した色をスクリーン合成できます。合成後は、指定した色よりも明るくなります。乗算色とスクリーン色の機能は、同時に使うこともできます。

# Tips 47
# アクセサリーなど
# パーツを簡単に光らせる

ののん。

宝石や金属などを<u>少し大げさに光らせるとモデルがリッチ</u>に見えます。実際はそこまで光らないものでも、Live2Dにおいてはあまりリアルにしすぎると動きのないモデルになってしまうので、見たときにわかりやすい表現をすることが大切です。ここでは、パーツを簡単に光らせる方法を紹介します。

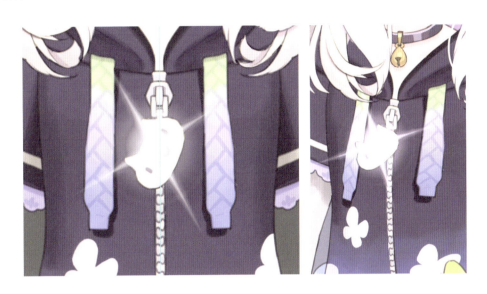

### 1

光のパーツをペイントソフトなどで作成します。商用利用可のフリー素材を使う方法もあります。
作った光のパーツを光らせたいパーツのデフォーマに入れ、光らせるためのデフォーマ「アクセ光ゆれ」を作ります。

### 2

「アクセ光ゆれ」のパラメータのキーを打っていきます。キーが 0.0 のときは光のパーツの不透明度を 0 に、-1.0 と 1.0 のときは回転を少し入れた状態で表示させるとよいです。このとき 0.0 のキーでは光のパーツの大きさを縮小しておくと、動いたときに光が拡大するような形にできます。

0.0 のときは光のパーツの不透明度を 0 にして非表示にする

### 3

次に物理演算の設定をします。物理演算設定は図のように揺らしてみます。

入力設定、振り子の設定

出力設定

色々なパーツにこのようなギミックを入れることで、光りながら揺れる動きを作ることができます。ぜひ応用して、色々なアレンジを試してみてください。

## Tips 48

# 光の反射を簡単に表現する

ののん。

メガネのレンズが光に反射する表現を簡単に作る方法を紹介します。ほかにも、鎧や金属部分などにマスクをかけることで金属の光を表現したり、宝石の輝きなども同じ要領で簡単に表現することも可能です。

### 1

メガネのレンズ部分の不透明度を 0 にします。**ペイントソフトでレンズに入れる光のラインを 1 つ作り**、Live2D Cubism Editor 上でレンズの ID を光のラインにクリッピングします。

### 2

光のラインに角度 X、角度 Y 用のワープデフォーマを用意します。光のラインはクリッピングされているため、レンズに重ならない限りは表示されません。

> **CHECK**
> メガネのレンズ部分がない場合は、ペイントソフトでレンズ部分を作成します。

### 3

角度 X に、左を向くとき光のラインのワープデフォーマを横にずらすように動きを作ります。こうすることでレンズに光のラインが乗り、反射したような表現ができます。

> **CHECK**
> 今回はオーソドックスな斜めのラインを作りましたが、光のラインの形はどんなものでも OK です。色々なアイデアをミックスして表現していきましょう。

# Tips 49

# ケモミミの揺れを簡単に作る

ののん。

**一時変形ツールは、カーブするように揺れる形も簡単に綺麗に作ることができる**ため、猫耳などのケモミミを揺らす際にも有効です。一時変形ツールで猫耳の揺れを作る方法を紹介します。

参考動画
https://x.com/nonon_yuno/status/1603231787899310080

### 1

揺れを作るためのワープデフォーマを作成し、[投げ縄選択ツール]などで動かしたい部分のみを選択します。このとき根元は選択しないようにします。

### 2

一時変形ツール（P.120）でパスを作成し、左に揺れたときの動きを作ります。耳の根元から順に先端までパスを3つ配置します。**左にカーブするような形**で作っていき、**反対側は右に下がるようなカーブ**を作りましょう。

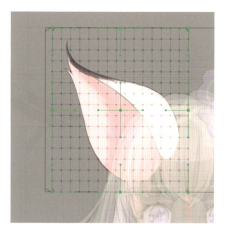

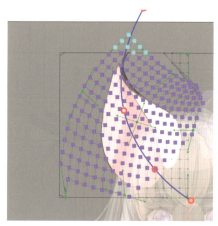

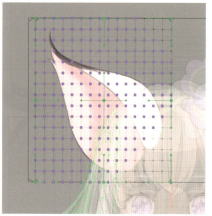

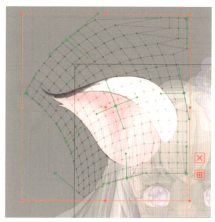

この方法は多段揺れなどにも応用できるため、スカートの揺れや髪の揺れにも使うことができます。

Tips 50

# 編集レベル1、2、3の使い分け

ののん。

編集レベルは、ワープデフォーマや変形パスなどの設定を編集レベルごとに付けることができる機能です。編集レベルには1、2、3と3つのレベルがあり、この仕組みを覚えておくと**作業の効率化**につながります。3つの編集レベルを使い分けましょう。

## Method1　編集レベル1

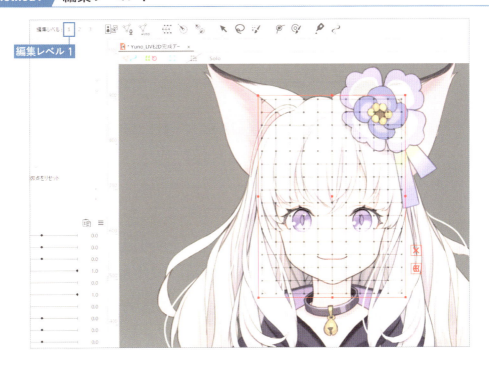

ワープデフォーマの「ベジェ編集（緑色のメッシュ）」がなくなり「変換の分割数」だけが表示されます。
メッシュは変形パスがなくなり、メッシュ変形に特化した編集が可能になります。**細かい編集よりも微調整に使う**のがおすすめです。

変形ブラシツール などを使う場合は編集レベル1がやりやすいです。

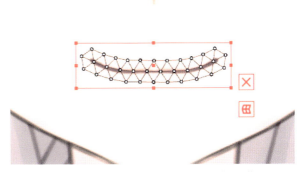

口は変形パスなどが消え、メッシュ変形に特化した編集が可能になる

## Method2　編集レベル2

ワープデフォーマの緑色のメッシュが表示されるようになり、**ワープデフォーマを編集できる**ようになります。
**メッシュに設定した変形パス（P.109）も表示**できます。

メッシュに設定した変形パスが表示される

## Method3　編集レベル3

編集レベル2同様、**ワープデフォーマの編集**ができます。編集レベル2と編集レベル3のワープデフォーマのベジェ分割数は、レベルごとに設定されます。編集レベル3ではベジェ分割数を編集レベル2より多く設定することで、細かい調整が可能になります。**通常の編集はレベル2、細かい編集はレベル3と使い分ける**と作業がよりやりやすいです。

変形パスの数を多く設定

## Tips 51
# 編集レベル 2 と 3 を使って口を簡単に作る

ののん。

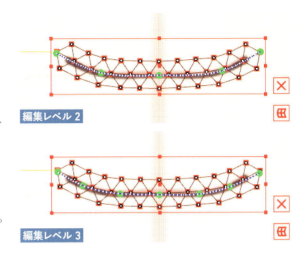

[Tips 50]で編集レベルを使いこなすと効率的に作業できることを解説しました。**編集レベル 2 と 3 を使い分ける**と、変形パスの調整など毎回打ち直したりせず、レベルごとでの調整ができます。たとえば口を作るとき、編集レベル 2 では少ない数の変形パス（P.109）を打つことで、ざっくりとした口の開閉の変形が可能です。編集レベル 3 では数を増やして細かい変形パスを置くことで、細かい調整などがやりやすくなります。たとえば口を少しギザギザさせたい場合には、編集レベル 3 で調整するとやりやすいです。

口だけではなく髪の毛など変形パスを用いて作るさまざまな部分に応用が可能です。

## Tips 52
# マルチキー編集を使いこなす

ののん。

マルチキー編集は、各パラメータで設定していた描画順、不透明度、乗算色、スクリーン色などを**全パラメータキーに一括で同じ設定にしてくれる機能**です。［モデリング］メニュー→［パラメータ］→［マルチキー編集］で表示できます。

たとえば、角度 X で描画順を 1 箇所変えてしまうと、すべてのキーの描画順を手動で直す必要が出てしまいます。そのような場合でも、マルチキー編集を使うと一括で変更することが可能です。

また、不透明度を一括で 80% に変えたいときや、スクリーン色の色をすべて統一したカラーコードに変えたいときなどにも活用できます。

マルチキー編集ダイアログ

## Tips 53

# 角度Zの変形を簡単に作る

ののん。

**一時変形ツール（P.120）を使って角度Zの変形を簡単に作る**ことができます。ここでは一時変形ツールの中の一時パス変形を使った方法を紹介します。

参考動画
https://x.com/nonon_yuno/status/1602830856997175297

**1**

［モデリング］メニュー→［一時変形ツール］→［一時パス変形］を選択します。

変形させたいワープデフォーマを選択した状態で一時変形ツールのアイコンをクリックすることでも一時変形ツールを使うことができます。

一時変形ツールの
アイコンをクリック

## 2

横髪の角度Zの動きで解説します。角度を付けたいパーツを選択し、角度Zのパラメータを-1.0もしくは1.0に移動させた後、一時変形ツールを開きます。下図のようにパス（点）を打っていきます。上に2つ打つことで上の部分を固定化させ、下を動かすとカーブするように変形させることができます。
反対側も同じようにして、簡単にカーブを描くような角度Zの変形を作ることができます。

## Tips 54

# 変形を無効にする

ののん。

ワープデフォーマと回転デフォーマはそれぞれ用途が違います。**ワープデフォーマで変形をすると、変形された状態を維持**できます。対して**回転デフォーマには変形を無効**にする機能があります。そのため、**ワープデフォーマに回転デフォーマを入れると、ワープデフォーマの変形を無効**にできます。
この特性により、まとめてワープデフォーマで角度 XY を作った後、変形させずに動きを付けたいパーツに対して回転デフォーマを使うことで、変形を無効にできます。

参考動画
https://x.com/nonon_yuno/status/1666278815650435073

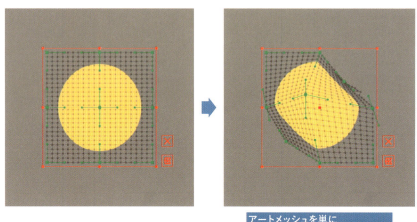

アートメッシュを単に
ワープデフォーマで変形した場合

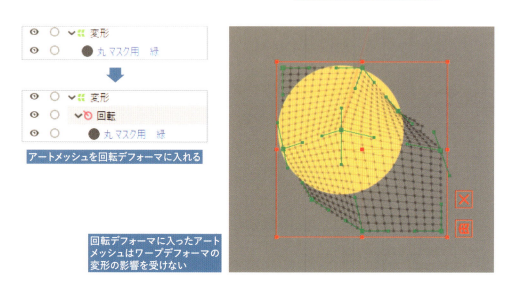

アートメッシュを回転デフォーマに入れる

回転デフォーマに入ったアート
メッシュはワープデフォーマの
変形の影響を受けない

変形を維持したまま回転させたい場合は、回転デフォーマにワープデフォーマを入れるようにします。

## Tips 55
# パラメータのキーを自由自在に選択する

ののん。

パラメータパレットでキーを選択するときに少しでもずれているとパラメータの変形や調整ができないため、キーは正確な位置を選択する必要があります。しかし、キーをうまく選択できずなかなか編集できないという経験はないでしょうか？ そんなとき、**簡単にキーを選択してパラメータに吸着**させる方法を紹介します。

参考動画
https://x.com/nonon_yuno/status/1661205377898017792

### Method1　キーの近くで右クリック

**選択したいキーの近くで右クリックをすると、そのキーに吸着**させることができます。最初から選択できるためとてもやりやすい方法です。

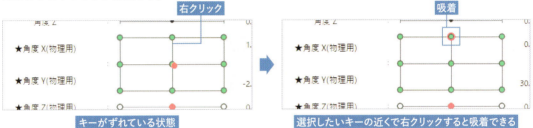

キーがずれている状態　　選択したいキーの近くで右クリックすると吸着できる

### Method2　ワープデフォーマをドラッグ

変形させたい**ワープデフォーマをドラッグすると、1番近くのキーに吸着**して編集が可能になります。
近くにおいておくことで角度Yの調整ができるようになるため、**感覚的にパラメータのキーを調整したいときに便利**です。

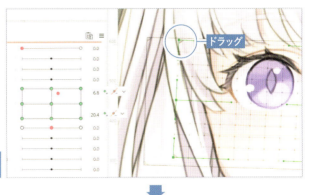

キーがずれている状態でワープデフォーマをクリック

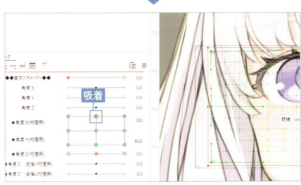

1番近くのキーに吸着できる

Tips 56　　イラスト：マコミック（[X] @maccormick_4_4）キャラクターデザイン：8KO（[X] @hachee_ko）　©claire（[X] @bearyyclairey）

# パラメータキー3点以上の
# 動きをなめらかにする

乾物ひもの

パラメータに3点以上のキー（緑点）を作成している場合、[四隅のフォームを自動生成]を使っても中間のキーのフォームは自動生成されません。そんなときの裏技を紹介します。

通常、パラメータのキーは、パラメータバー1つにつきなるべく3点以内に抑えることが推奨されています。しかし、モデルを作り込んでいくうえで、どうしてもキーを4点以上に増やさなければいけない場面も出てくるでしょう。そんなときに「**中間のキー**」を作成して、変形を加えていきます。
たとえば、下のモデルは、キーを4点以上使い、顔の角度によってカチューシャの形をマスクで削り、立体感を表現しています。

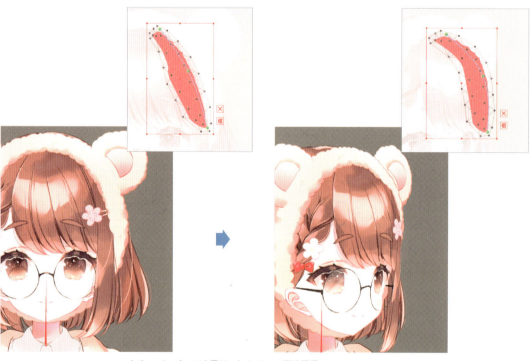

カチューシャをマスク用アートメッシュで削る様子

134

このように、最大値、最小値、0.0 の3点以外にキーを打った状態で［モデリング］メニュー→［パラメータ］→［四隅のフォームを自動生成］を行うと、その部分には自動生成が適応されません。右図のように角度Yのパラメータの数値が0.0のときは綺麗に動いていますが、角度Yの数値が変わると、自動生成が行われず動きがおかしくなっています。

### 1

まずは、中間のキー以外の4隅の形状を整えます。

### 2

掛け合わせがうまくいっていないキーを右クリックで選択します。

キーを右クリックすると、値がブレずに**キーの値丁度を選ぶ**ことができます。**中間のキーを選ぶときは右クリックを押すことを心がける**とミスが少なくなります。

### 3

キーの値上で右クリックを押すと、パラメータバー右側にポップアップが出てきます。出てきたポップアップの真ん中、［キーフォーム削除 ✎ ］を選びます。

135

### 4

選択していた中間のキーが消えました。このまま操作を行わずにモデリングビュー（モデルが表示されている画面）を見てみると、パーツのフォームが先程より綺麗になっているのがわかります。

### 5

この状態で、左上の［モデリング］メニュー→［フォームの編集］→［フォームをコピー］の順にクリックするか、ショートカットの CTRL + SHIFT + C キーを押します。

ショートカットキーを覚えたほうが便利です。

### 6

フォームをコピーしたら、［編集］メニュー→［元に戻す］を押すか、ショートカットの CTRL + Z キーを押します。すると、中間のキーが戻りました。

### 7

この状態で、左上の［モデリング］メニュー→［フォームの編集］→［フォームを貼り付け］の順にクリックするか、ショートカットの CTRL + SHIFT + V キーを押すと、中間のキーがない状態のスムーズなフォームをコピーして貼り付けることができます。
もし、フォームに納得がいかない場合は、ここから微調整を行いましょう。1から調整するよりもずっと楽になるはずです。

### Tips 57

# テクスチャアトラスの角度、倍率

ののん。

テクスチャアトラスは**Live2Dモデルをトラッキングアプリなどで使うJSONデータにする際に必要**です。テクスチャアトラスの編集は、［モデリング］メニュー→［テクスチャ］→［テクスチャアトラス編集］で行います。
テクスチャアトラスの注意事項として、「**角度**」「**倍率**」という項目があります。
「角度」は画像を回転させるなど、角度を付けることができます。ただし回転させると画質が下がり、画像がぼやけてしまう場合があります。パーツを斜めにするなど角度を付けたいときは可能な限り**90度間隔で配置**することがおすすめです。
「倍率」は100%が原型サイズとして、これが下がると画質に影響があります。たとえば口のパーツを倍率20%で配置してしまうと、20%サイズの画像を引き伸ばすようにモデルに配置されるため、画質が極端に落ちてしまいます。倍率を高くする分には問題ありません。モデルの画質がまれに悪くなる場合、倍率の数字が影響されている可能性があります。
**可能な限りすべてのパーツを倍率100%で配置**するよう心がけましょう。

 POINT

テクスチャの画像容量は、VTSなどでモデルを読み込む際に影響があります。容量が軽いとより早くモデルを読み込むことができます。ゲーム系のモデルやアプリなどに導入する場合などはテクスチャの容量に注意してみましょう。

### Tips 58

# 目的のパーツを簡単に選択する

ののん。

1つのモデルに対するパーツの数も、技術が発達することで増えてきました。多いものだと1体に対してパーツが800以上あるモデルもあり、目的のパーツを探すのも大変です。そんなときは簡単に目的のパーツを選択する方法を覚えておくと便利です。
まず**キャンバス上で、モデルのパーツの上にカーソルを合わせ**ます。今回は腕に合わせています。
CTRLキー＋**右クリック**すると、カーソルを基準に重なっているすべてのパーツを一覧で表示させることができます。**探していたパーツをクリックし、パーツを選択**します。

参考動画
https://x.com/nonon_yuno/status/1618089062694522880

## Tips 59

# 複数のパーツを簡単に選択する

ののん。

モデルの制作スピードに関わってくるのがパーツの数です。[Tips 58] でも解説したように、パーツが多くなるにつれて目的のパーツがどこにあるかわからなくなってしまう場合があります。ここでは、**複数のパーツを選択**したいときに役立つ方法を紹介します。

参考動画
https://x.com/nonon_yuno/status/1623155255620825094

### 1

**選択したいパーツの上で** **CTRL キー＋右クリック** して、重なっているパーツの一覧を表示します。今回は花を選択します。

### 2

花を選択した状態のまま、CTRL＋SHIFT キー＋右クリックでパーツの一覧**を表示**します。このとき CTRL＋SHIFT キーは押**したまま**にしておきます。CTRL＋SHIFT キーを押したまま、さらに**パーツを選択**すると、複数のパーツを選択できます。いくつでも選択可能です。

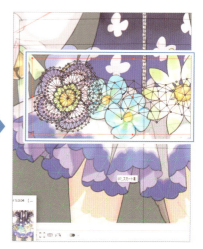

この方法はデフォーマに移動したいパーツだけを選んだり、複数のパーツを一度に移動する際にも有効です。

## Tips 60

# テンプレートの基本

ののん。

Live2D Cubism Editor上の作業を早くするために、簡単な処理や流用できるパラメータ、物理演算やデフォーマ構成など、何度も同じことを繰り返す作業であれば最初から**テンプレート**を作っておくと便利です。新しいモデルを作るとき、あらかじめ作成したテンプレートを読み込ませるだけで数値の設定ができるので、大幅な時短につながります。ここでは、テンプレートの概要を解説します。

### Method1　パラメータのテンプレート

パラメータは Live2D Cubism Editor を立ち上げたときはデフォルトで入っているものしかありません。そのため、モデリングの際にパラメータを増やす作業が必要になっている人も多いのではないでしょうか？
そこで、事前に毎回使うパラメータのテンプレートを作ってみましょう。事前に普段使うパラメータを作っておくことで、**同じパラメータを毎回作る必要がなくなります。**
まず、普段使うパラメータを作成します。できあがったパラメータ構造は［モデリング］メニュー→［モデルのパラメータの一括設定］→［インポート］で書き出すことができます。
書き出したパラメータは、新規でモデルを作る際に［モデリング］メニュー→［モデルのパラメータの一括設定］→［エクスポート］で読み込ませることができます。

### Method2　汎用物理のテンプレート

パラメータが同じであれば ID も同じになるため、物理演算も汎用物理を作成できます。
たとえば、ハイライトの揺れや物理を使った稼働などの数値を毎回作るのは大変です。そのため、揺れの数値など**汎用的に使えそうなものはあらかじめ同じ数値で物理演算設定を作成**します。
［モデリング］メニュー→［物理演算設定］から物理演算設定を作成します。［物理演算設定］の［物理演算］メニュー→［物理演算設定の書き出し］で書き出すことができます。
書き出した物理演算設定は、［物理演算設定］の［物理演算］メニュー→［物理演算設定の読み込み］から読み込ませることができます。

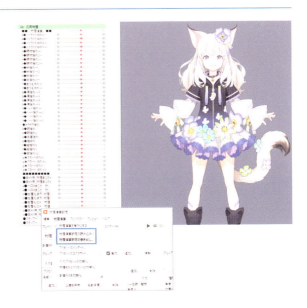

## Tips 61

© 城真ゆかな（[X] @SiromaYukanaV）　イラスト：のう（[X] @nounoknown）

# パラメータ・物理演算の
# テンプレート

乾物ひもの

パラメータや物理演算は、作り込むほど1から作成するのが大変になります。そんなときは、**テンプレート**を作ってみましょう。ここでは、テンプレートの具体的な使い方を解説します。

## Method1　パラメータをエクスポートする

作成したパラメータをテンプレートにエクスポート（保存）する方法を解説します。

### 1

テンプレートにしたい元データを用意します。

作り込まれたパラメータ

### 2

左上の、[モデリング] メニュー→ [モデルのパラメータの一括設定] → [エクスポート] の順にクリックします。わかりやすい場所に、わかりやすい名前で保存します。

「Parameter_Template」という名前の「csv ファイル」で保存

### 3

任意の場所と名前で csv ファイルが保存されます。このファイルに、パラメータの設定が保存されています。

140

© しゅがお（[X] @haru_sugar02）

## Method2　パラメータをインポートする

パラメータのテンプレートのインポート（読み込み）を行う方法を解説します。

### 1

読み込みたいテンプレートデータを用意します。

**POINT**

テンプレートを読み込むとパラメータが初期化されます。必ず**モデリングを行う前に読み込み**ましょう。

何のパラメータも設定されていないデフォルトの状態

### 2

左上の、［モデリング］メニュー→［モデルのパラメータの一括設定］→［インポート］の順にクリックします。
［モデルのパラメータのインポート］ダイアログが表示されるので、［実行前に既存のパラメータをすべて削除する］のオプションにチェックを入れます。

チェックを入れる

### 3

［Method1］で保存したテンプレートファイルを読み込みます。

読み込む

**4**

読み込みが完了しました。

パラメータがフォルダ分けされたテンプレートのものになった

© 城真ゆかな（[X] @SiromaYukanaV）　イラスト：のう（[X] @nounoknown）

## Method3　物理演算設定をエクスポートする

パラメータに続いて、物理演算設定のエクスポート方法を解説します。

**1**

テンプレートにしたい元データを用意します。

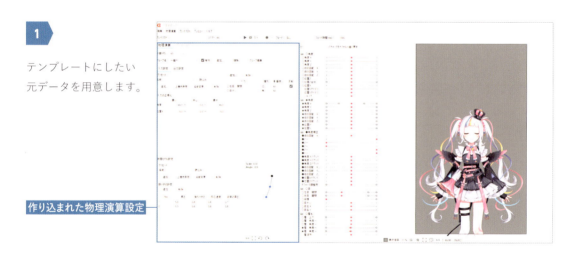

作り込まれた物理演算設定

**2**

左上の、[物理演算] メニュー →[物理演算設定の書き出し]の順にクリックします。
わかりやすい場所に、わかりやすい名前で保存します。

「Template」という名前の「physics3.json ファイル」で保存

## Method4　物理演算設定をインポートする

物理演算設定のテンプレートのインポート（読み込み）を行う方法を解説します。

### 1

読み込みたいテンプレートデータを用意します。

パラメータのテンプレートと同様に、物理演算設定のテンプレートを読み込むと物理演算設定が初期化されます。必ず**物理演算の設定を行う前に読み込み**ましょう。

何の物理演算も設定されていないデフォルトの状態

### 2

左上の、［物理演算］メニュー→［物理演算設定の読み込み］の順にクリックします。［Method3］で作ったテンプレートを読み込みます。

### 3

読み込みが完了すると、テンプレートで作成した物理演算グループが出現します。

© しゅがお（[X] @haru_sugar02）

# モデル用画像と原画画像を使った時短法

乾物ひもの

Live2Dには「原画」と「モデル用画像」という2つのデータ構造があるのをご存知でしょうか？その2つの構造の違いを理解することで、色々な時短が可能になります。

はじめに、原画とモデル用画像の違いについて解説します。Live2D Cubism Editorでは、psdファイルを読み込む段階で、**原画**と**モデル用画像**の2種類のデータ構造に分かれます。

cmo3ファイル内の構造を確認すると、原画とモデル用画像の2つのフォルダが存在

プロジェクトパレット

## Method1　原画とモデル用画像の違い

原画とは、**インポートしたpsdファイルを、レイヤー順やフォルダなどの情報をできるだけそのままの形で読み込んだ状態のデータ**です。

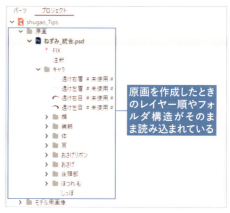

原画を作成したときのレイヤー順やフォルダ構造がそのまま読み込まれている

原画

しかし、Live2D Cubism Editorに読み込んだ原画データを実際のモデリングで使用するためには、**レイヤー順やフォルダ構造などの情報を排除した、よりシンプルな構造の「モデル用画像」に変換**する必要があります。

また、原画とモデル用画像内の同じレイヤーは、それぞれリンクしています。たとえば、下図のデータの原画内の「頬」を右クリックすると、[関連モデル用画像を選択]という選択肢が出てきます。[関連モデル用画像を選択]をクリックすると、リンクしたモデル用画像に飛びます。

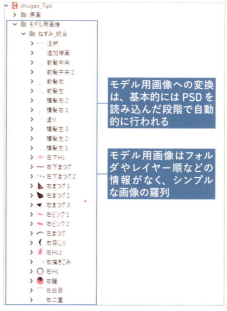

モデル用画像への変換は、基本的にはPSDを読み込んだ段階で自動的に行われる

モデル用画像はフォルダやレイヤー順などの情報がなく、シンプルな画像の羅列

モデル用画像

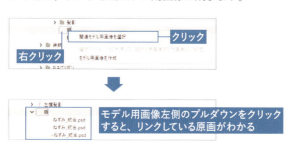

モデル用画像左側のプルダウンをクリックすると、リンクしている原画がわかる

**モデル用画像は、アートメッシュとリンク**しています。モデル用画像を右クリック→［関連アートメッシュを選択］をクリックすると、該当のモデル用画像にリンクしたアートメッシュが選択されます。

このように、原画とモデル用画像を構造的に分け、原画↔モデル用画像、モデル用画像↔アートメッシュとそれぞれリンクさせることで、モデルのカラーチェンジや塗り残しの加筆など、**psdファイルの差し替えがスムーズ**に進みます。

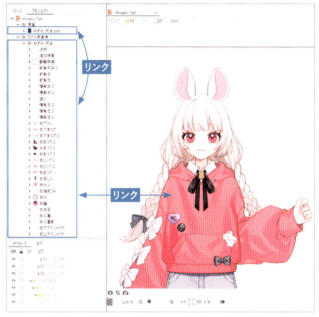

### Method2　原画とモデル用画像の違いを利用した動きの流用

よく、「Live2Dモデル用の立ち絵は左右対称だと作りやすい」と言われます。目や横髪などのアートメッシュやデフォーマは、左右対称だとコピー＆貼り付け＋反転で流用しやすいからです。今回のイラストも、目や髪の毛の形は左右対称になっています。しかし、横髪に注目してみると、形や塗りなどが微妙に左右で異なっているのがわかるでしょうか？　髪の毛のようなランダム性のあるパーツを、形や塗りまで左右対称に描いてしまうと、違和感が出たり、見た目が硬く見えたりしてしまうことが多いです。そのため、すべてのパーツを完全に左右対称に描くことはほとんどありません。

「大まかな形や位置は同じだけど、塗りや細部の形状が少しだけ異なる」というパーツは、コピー＆貼り付け＋反転を使った**デフォーマによる変形であれば流用が可能なことが多い**です。

ところが、アートメッシュは単純に左右反転しただけでは、原画と見た目が異なってしまいますし、コピー＆貼り付け＋反転で、反転したアートメッシュをプロジェクトパレットから差し替えようとしてもうまくいきません。

左右反転しただけでは見た目が変わってしまう

反転したアートメッシュを差し替えようとしてもうまくいかない

そのため、従来通りに制作する場合、アートメッシュに直接手を加えるタイプの変形は、流用が難しいのです。

髪揺れなどのアートメッシュに直接キーを打つタイプの動きの流用は難しい

しかし、次ページから紹介する手法で、左右で微妙に塗りや形の異なるアートメッシュも動きの流用ができるようになります。

### 1

横髪を例に解説します。まずは通常のモデリングを行います。

Live2D Cubism Editor の画面

### 2

横髪のパーツの動きを流用したいので、ペイントソフトに移動し「横髪右2」「横髪右1」レイヤーを複製します。
複製したレイヤーを左右反転し、すでに制作が終わっていて流用したいパーツと同じ位置に重ねます。
作業が終わったら保存します。

ペイントソフト（Photoshop）の画面

> **CHECK**
> わかりやすいように、複製後のレイヤーは名前を変えておきましょう。今回は「○○（元のレイヤーの名前）_差し替え用」としました。

### 3

psd ファイルの保存ができたら Live2D Cubism Editor に戻り、psd ファイルを読み込み→差し替えを行います。

### 4

パーツパレットの一番上に先ほど追加した横髪のアートメッシュが作成されますが、これは一旦削除します。

追加した横髪のアートメッシュは削除する

パーツパレット

5

次に、モデリングが済んでいる横髪のアートメッシュとデフォーマを丸ごとコピー（CTRL+Cキー）します。

6

コピー後のアートメッシュを選択しておきます。コピー後のアートメッシュが選択されている状態で次の工程に進みます。

7

プロジェクトパレットの原画を開き、新しく追加した髪パーツ「○○_差し替え用」の上で右クリック→［関連モデル用画像を選択］をクリックします。

8

リンクされたモデル用画像に飛んだら、そこでもう一度右クリック→［選択アートメッシュの入力画像として設定］をクリックします。

9

すると、複製した反対側のモデル用画像で差し替えを行えます。

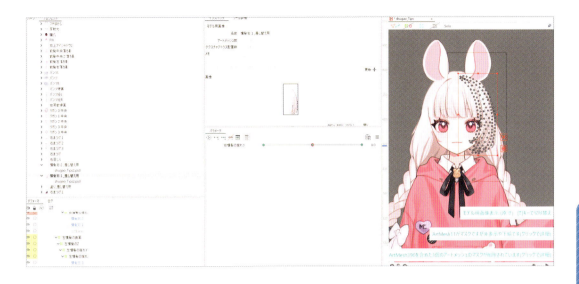

10

差し替え後、メッシュが形と合わなくなってしまった場合は、適宜修正を行います。

メッシュが形と合わず、形が途中で切れてしまっている場合は、[メッシュの自動生成 ]で修正できます。

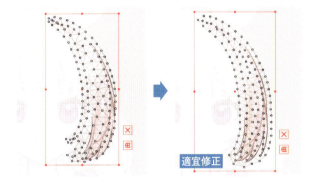

11

また、差し替えたいアートメッシュが複数ある場合、同じような場所にあるアートメッシュを選択し、先程と同様にモデル用画像で差し替えを行います。今回は、左髪は1つのアートメッシュでまとまってる部位が、右髪は2つのアートメッシュに分かれています。

左髪は1つのアートメッシュだが、

右髪では2つに分かれている

その場合は、元になる1つのアートメッシュをさらに複製し、それぞれのモデル用画像で差し替えを行います。

**12**

いらないアートメッシュは削除し、揺れの複製が必要ないアートメッシュは差し替え前のものをそのまま使います。

**13**

差し替えができたら、デフォーマの反転→動きの反転を行います。ＡＢＣの手順で行います。これで、アートメッシュの動きを流用したまま左右反転ができました。

## Tips 63

© ぶくろて（[X] @niiitoooon）

# 動画で何を見せるかを考える

fumi

［Tips63］～［Tips70］では、配信用モデルではなく、キャラクターを動画として動かすときのポイントを解説していきます。

今回動かしていくイラストは、制作依頼にあたりイラストレーターのぶくろてさんへの指定のポーズなどはなく、自由に描いていただきました。Live2Dで動かすことを意識したイラストよりも、ぶくろてさんならではのキャラクターの表情などを活かすためです。

動画の構成を考えていくにあたり、まずは**イラストから読み取れるキャラクターの魅力や心情などを考察**します。そこから「**何を見せていきたいのか**」「**どう動かせばこのイラストの魅力をアップさせて見る人に届けることができるか**」を考えていきます。

メインは中央のロテちゃんの可愛さを出しつつ、周りのさまざまなミニキャラに個体差を出しながら仲良しなところを演出することにしました。

ラフイラスト

中央のロテちゃんがメイン

ミニキャラは上から時計回りで、ウシマルさん（＋ぬいぐるみ）、ユーフちゃん、あのよっこちゃん、テューファちゃん、てんしっこちゃん、あくまっこちゃん。中央はにんじんちゃん

周りのミニキャラに個体差を出しながら仲良しなところを演出

### CHECK

「ただ揺らす」「動かせそうなものを動かす」だけではストーリー性などが生まれないので気を付けましょう。**表現したいことをきちんと考える**ことが大切です。

完成イラスト

## Tips 64

© ぷくろて（[X] @niiitooon）

# 絵コンテを作る

fumi

絵コンテでは、どのように動かせば可愛さや画面の華やかさなどが演出できるかを**イラストと文章で説明**します。
今回は長尺の動画を作るわけではないので、14秒ほどを想定し、絵コンテにはざっくりとまとめました。
全体の流れをカット（CUT）ごとに見ていきます。

**CUT1**……キャラクターが降りてきて、水面に足が付き、ミルクが跳ねる

**CUT2**……足元から腰辺りまでゆっくりパンアップして、ロテちゃんの足をメインに見せる。ミニキャラを動かしてロテちゃんに集まってくるようなイメージで動かす

**CUT3**……カットが変わり、牛乳を飲んでるロテちゃんの周りにキャラクターが集まってくる演出

**CUT4**……ミニキャラが頭の上にもポフッと乗る

**CUT5**……みんながくっついてくるので嬉しいという感情を出す

**CUT6**……引きでイラストを見せて、楽しいわちゃわちゃ感を出す

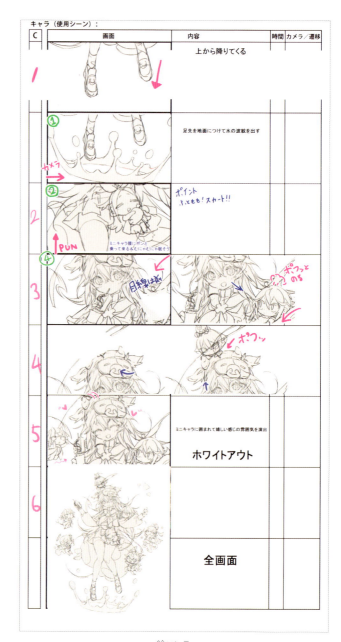

絵コンテ

> **CHECK**
> 絵コンテとは、**映像制作における設計図**のようなものです。キャラや背景の動き、エフェクトのかけ方などを、イラストと文章で書き出しておきます。とくに見せたい場面を切り取って、漫画のコマのようにカットごとに分けていきます。

> **CHECK**
> カットとは、**場面の切り替わりの単位**のことです。

# ビデオコンテを作る

fumi

ビデオコンテ（Vコン）は実際にイラストを動かして「**全体の映像のバランスを確認**」する作業です。この段階では、動きを作り込む必要はありません。絵コンテで決めた各カット（CUT）のテンポ感や画面に対するキャラクターの大きさなどが、見る人に伝わりやすいものになっているかが重要です。

ビデオコンテを作って書き出してみたところ、CUT3〜5の見せたい部分がミニキャラにフォーカスしすぎており、画面が上下に行ったり来たりしてあまり綺麗な流れではないと感じました（Vコン1.mp4）。

調整をしてCUT3とCUT4をつなげました（Vコン2.mp4）。

さらにCUT5もつなげました（Vコン3.mp4）。結果としてCUT3の尺は長くなりましたが、流れとしては自然な仕上がりになると思い、「Vコン3.mp4」の流れを採用する形で進めていくことにしました。

ビデオコンテで作った動画の流れ

**CHECK**
ビデオコンテがひと通り作成できたら、できれば友人など第三者に見てもらい、何を見せたいかなどが伝わるか、本来のイラストの可愛さが表現できそうかなどの感想をもらえると良いでしょう。具体的な修正点が見えるはずです。

**CHECK**
ビデオコンテファイル（Vコン1.mp4、Vコン2.mp4、Vコン2.mp4）は、特典としてダウンロードできるファイルに含まれているので、実際に動画を見て確認（P.6）してみてください。

**POINT**
動画の作成は、**アニメーションワークスペース**で行います。ツールバーの［ワークスペース切り替え］で「アニメーション」を選択すると、アニメーションワークスペースに表示を切り替えられます。

ワークスペース切り替え

アニメーションワークスペース

基本的な動画作成は、アニメーションワークスペースの**タイムラインパレット**に画像やモデリングの完了したデータ（.cmo3）を読み込み、**キーを打つ**（キーフレームを作成する）ことで行います。
タイムラインパレットでは、**イラスト（キャラクターや背景モデル）が「どのタイミングで、どのような動きをしているか」**を設定できます。

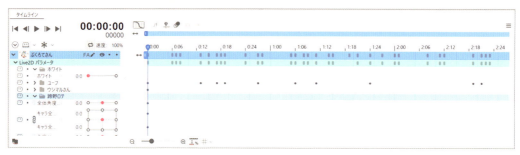

タイムラインパレット

タイムラインは、1**フレーム**ごとに区切られおり、フレームに**キー**を打って動きを作っていきます。
キーの打たれたフレームが、**キーフレーム**です。キーフレームには、**そのときのモデルの動きが登録**されています。たとえば、「1フレーム目では腕を下ろしている」「10フレーム目で腕を上げる」というようなキーフレームを作成すると、「1フレーム目から10フレーム目にかけて徐々に腕を上げていく」という動きができます。フレーム間の細かい動きは自動で補間されます。

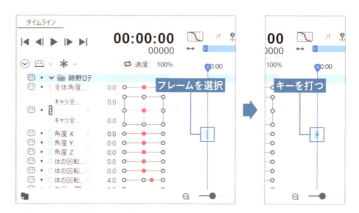

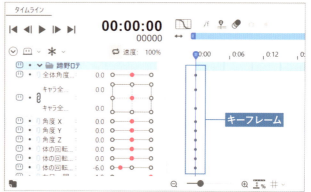

動画の尺の変更は、**ワークエリア**の長さを調整することで行います。

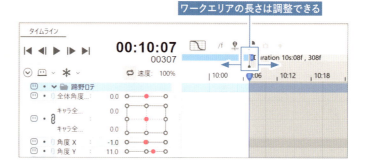

# 動画でのキャラクターモデリング

fumi

動画におけるモデリングで気を付ける点としては「付けたい動きに合わせてモデリングをする」ことです。配信用モデルのモデリングはトラッキングに合わせてモデリングになりますが、動画においてのモデリングは必要な動きを作ることになるので「すべての揺れ物を揺れるように作る」とか「顔の角度ＸとＹも配信用モデルのように作る」ことをしても作った動きを使わないことがあります。そのため、効率的なことも考えて、しっかりと目的を持ったモデリングをしましょう。

ここでは、右のミニキャラ「テューファちゃん」で見ていきます。
簡単なところでいえば、前髪や横髪、後ろ髪の揺れをすべてをばらばらに作らず、同じパラメータで動きを作ります。どうしても動きに差を出したい場合は、後からパラメータを変えるか、もしくは揺れ自体に差が出るようなモデリングに調整するようにします。

テューファちゃんのモデリング

髪の毛以外の部位も比較的シンプルな構造のパラメータにしています。立体感のある動きはほとんどさせず、耳や羽、しっぽなどがぴこぴこと動く程度です。
ほかのミニキャラたちのモデリングもテューファちゃんと同じようにシンプルな構造です。

> **CHECK**
> モデルデータ（.cmo3）は、特典としてダウンロードできるファイル（P.6）に含まれています。

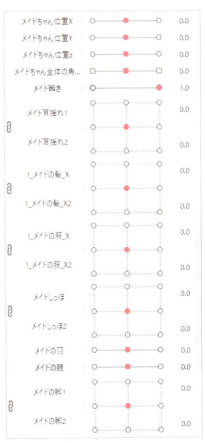

テューファちゃんのパラメータ

## Tips 67

# キーフレーム作成のコツ

© ぶくろて（[X] @niiitoooon）

fumi

モデリングが終わったら、動きを作ります。キーを1から手打ちしてキーフレーム作成するのは、とても大変です。作業量も多くなる上にタイミングや動きの緩急も付ける必要があり、何から手を付けていいかわからなくなると思います。そこで、まずは==ビデオコンテで作った大きな動きをベースにし、そこからブラッシュアップ==をしていきましょう。ここでは、カット1（CUT1）の制作を例に見ていきます。

### 1

新規のアニメーションファイルを作成します。［ファイル］メニュー→［新規作成］→［アニメーション］を選択します。アニメーションのターゲットバージョン選択ダイアログが表示されるので、今回は動画ファイルとして書き出すことを想定し、［映像］を選択します。

アニメーションのターゲットバージョン選択ダイアログ

ターゲットバージョンは、動画ファイルやアプリケーションへの組み込みとしての書き出しなど、最終的な用途に応じて設定します。
動画ではなく、トラッキングソフトなどのアプリケーションへの組み込みを考えている場合は、［SDK（Unity）］を選択します。Unity以外を使ったアプリケーションへの組み込みを考えている場合は［SDK］を選択します。
Adobe After Effects上での編集を考えている場合は、［AEプラグイン］を選択します。

### 2

作成されたシーンの設定を変更します。シーンパレットで「Scene1」を選択します。インスペクタパレットで［シーン名］や［サイズ（幅）］［サイズ（高さ）］を変更します。サイズ変更の際は、［縦横比を固定］のチェックを外します。

シーンパレット

インスペクタパレット

### 3

タイムラインパレットにモデルデータをドラッグ＆ドロップします。ビューエリアにはモデルが表示されます。

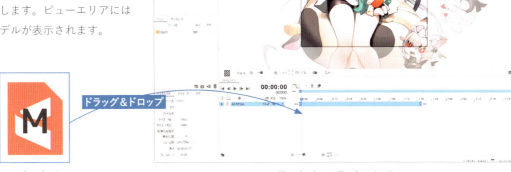

モデルデータ　　　　アニメーションワークスペース

### 4

［Tips 65］のビデオコンテのキーフレームと同じ位置にキーを打ちます。これをベースとし、細かい動きを調整していきます。

ビデオコンテのキーフレーム

### 5

「CUT1」はメインキャラクターのロテちゃんが上から降りてくるシーンです。降りてきてただピタッと止まっても味気ないので、地面に着いた後に余韻を少し表現することにします。地面に着地（下図 A）→ミルクが飛び跳ねつつキャラクターも上に少し戻る（B）→ミルクが重力で戻る（C）イメージで作成します。

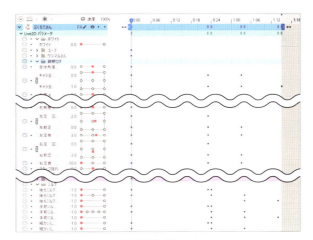

CUT1 のキーフレーム

#### POINT

今回は作りながら細かい尺を決めましたが、動画の尺がはじめから決まっている場合は、それに合わせた動きの作成を行う必要があります。また、シーンをカットごとに分けて制作したため、最終的にはすべてのカットをまとめた尺となります。

#### CHECK

リアルな動きを作るために、実物を見ることや YouTube などで動画を探して参考となるものを観察しましょう。

© ぶくろて（[X] @niiitoooon）

# グラフを使った緩急の付け方

fumi

キーフレームをたくさん打っていい感じの動きになってくると、今度は緩急の乏しい一直線の動きが気になってくるかと思います。
そんなときは、タイムラインパレットの［編集モードの切り替え］ボタンをクリックして、編集モードを**グラフエディタ**に切り替えてみましょう。この状態で**パラメータを選択すると、線グラフのような図が表示**されます。このグラフを編集することにより、「入りの動きを滑らかにしつつ、速度をグッと付けて緩やかに止まる」のような**緩急を付けることが可能**となります。

［編集モードの切り替え］ボタン

今回の動画では、カット 2（CUT2）でにんじんちゃんが上からふわっと降りてきて、ロテちゃんの腰に乗る動きがあります。
グラフエディタで一定の山なりのカーブだったものを、ゆったりとしたカーブと急カーブの部分ができるように調整することで、にんじんちゃんに最初はゆっくり降りてきて、その後クイッと揺れながら着地するような**緩急**が付きます。

タイムラインのデフォルトの編集モードは、キーフレームを点で表している「**ドープシート**」となっています。

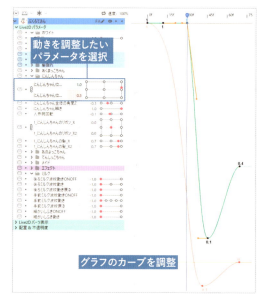

タイムラインパレット（グラフエディタ）

**CHECK**
図だけでは動きはわかりづらいので、特典の動画ファイル（P.6）も参照してください。

# パラメータのコピー&貼り付けを使った時短テクニック

fumi

アニメーションを作成すると「この動きのゆがみを調整したい」といったことが増えてくると思います。しかし、気になる部分のパラメータは中途半端な値ばかりで、モデリングに戻って再現をするには骨が折れます。そんなときに便利なのが、[パラメータ値をコピー][パラメータ値を貼り付け]の機能です。

動きの気になるパラメータ値は中途半端なことが多い

## 1

アニメーションワークスペースで作業中に、モデルの調整が必要な部分が見つかったら、編集したいフレームをすべて選択し(A)、[編集]メニュー→[パラメータ値をコピー]を選択します(B)。

動きの気になる部分のフレームをすべて選択

アニメーションワークスペース

## 2

モデリングワークスペースに戻って、[編集]メニュー→[パラメータ値を貼り付け]をすると(A)、**アニメーション側のポーズとまったく同じパラメータ値を再現**できます(B)。ここから調整していくと時短になります。

アニメーションワークスペースでコピーしたパラメータ値が再現

モデリングワークスペース

# ラベル色を使ったフォルダと
# パーツ管理

© ぷくろて（[X] @niiitoooon）

fumi

今回の動画はキャラクターが多くデフォーマやパーツも多いため、わかりやすいパーツ管理が大切です。パーツ管理に便利なフォルダ分けの小技を紹介します。動画だけでなく、配信用モデルでも使えます。

## 1

レイヤーやデフォーマといったパーツの管理は、**パーツパレット**で行います。基本はレイヤー順をわかりやすくして、関係のあるパーツをフォルダにまとめて整理することです。

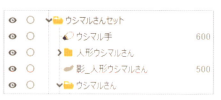

パーツパレット

## 2

パーツが多いとフォルダだけではわかりにくく、整理しきれないことがあります。そこで便利なのが、[**ラベル色**]**の機能**です。パーツパレットで色を変えたいパーツのフォルダやパーツを右クリック→[ラベル色]から**好きな色を選択して色分け**できます。パーツパレットで色分けすると、デフォーマパレットも同じ色に分けられるため作業がはかどります。

**POINT**

パラメータパレットでも[ラベル色]の機能が使えます。パラメータごとに色分けできます。

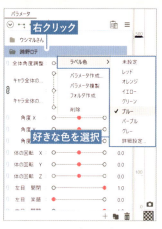

パラメータパレット

パーツパレット

パーツパレットで設定した色が、デフォーマパレットにも反映される

デフォーマパレット

160

## Tips 71

# 素材分け Photoshop プラグイン

株式会社 Live2D

「素材分け Photoshop プラグイン」は、Live2D モデリングの前工程である素材分けを簡単に行えるようにするための Photoshop 用プラグインです。素材の切り抜き・塗りつぶし・塗り広げを半自動で行うことができます。統合された 1 枚絵からでも簡単に素材分けができます。

(Adobe® Photoshop® software)

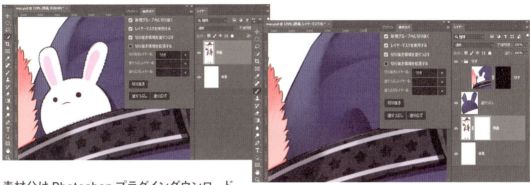

素材分け Photoshop プラグインダウンロード
https://docs.live2d.com/cubism-editor-manual/material-separation-ps-plugin-download/

## Tips 72

# AE プラグイン

株式会社 Live2D

AE プラグインを使えば、エフェクトでリッチな映像を作れます。Live2D モデルは、Cubism「AE プラグイン」を使用することで Adobe® After Effects® software に、モデルデータ (.moc3) やモーションデータ (.motion3.json) を直接読み込むことができるようになります。Adobe After Effects 上で直接 Live2D モデルを表示したりモーションデータの編集もできるため、映像制作の効率や表現力が格段にアップします。

 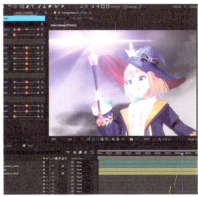

**AE（After Effects）プラグインダウンロード**
https://www.live2d.com/cubism/download/ae-plugin/

## Tips 73

# 「nizima LIVE」でモデルを動かす

株式会社 Live2D

「nizima LIVE」は Live2D 公式トラッキングアプリです。Live2D モデルのトラッキングのほかに、コラボ機能、アイテム機能、エフェクト機能など幅広い表現が可能です。直感的に操作しやすいのも特徴です。

● nizima LIVE のダウンロード

nizima LIVE は、下記の公式サイトからダウンロードできます。まずはお試しに無料版から導入してみましょう。

nizima LIVE 公式サイト　https://nizimalive.com/

※有料版は商用利用やコラボ機能制限解除などができます。
　詳しくは公式サイトをご確認ください。

**Method1**　nizima LIVE の便利な機能

顔の動きに合わせてパラメータ単位で細かく動きの微調整ができます。また、iPhone アプリ「nizima LIVE TRACKER」を使用し iPhone をカメラとして接続すると、ほほを膨らませる・舌を出すなどの豊かな表情をトラッキングで表現できます（パーフェクトシンク機能）。

**Method2**　Live2D Cubism Editor との連携

Live2D Cubism Editor と nizima LIVE を連携させ、トラッキングしたときの動きをリアルタイムで確認しながらモデリングすることができます。　　※Live2D Cubism Editor は 5.1 以降のバージョンに限ります

## Tips 74

# 「nizima」でモデルを販売する

株式会社 Live2D

「nizima」はイラストや Live2D データの販売・購入・オーダーメイドの依頼ができる Live2D 公式マーケットです。特に数量 1 点限定モデルや、カスタム可能な汎用モデルが人気です。また、作成したモデルは、Live2D 作品コンテスト「にじコン」に応募することもできます。

nizima 公式サイト　https://nizima.com/

「Live2D プレビュー」機能では、投稿された Live2D モデルの可動域や表情、動きを実際に触って確かめることができます。購入前にモデルの動きを確認したり、カメラ接続で簡易的な VTuber 体験を行えます。

*Part 2*

# 背景モデル

動く背景モデリングやアニメーションの Tips を紹介します。
なるべく簡単にリッチに見せる方法を解説します。

Tips 75

きつねさん（[YouTube] https://www.youtube.com/@kitune-san）

# レイヤー構成のススメ

唐揚丸

背景イラストのレイヤー構成の一例を紹介します。イラストの担当者がLive2D経験者ではない場合、注意すべき点がいくつかあるので参考にしてください。

［マフィアのボスの部屋］
https://www.youtube.com/watch?v=cBi2gwRuiGU

## Method　階層ごとのフォルダ分け

ポイントは、**動かさない部分はできるだけ1つのフォルダにまとめ、それ以外の動かす物は大まかな階層ごとにフォルダ分けをしておく**という点です。はじめからフォルダ分けしておくことで、作画作業やパーツ分けがスムーズになり、Live2D作業時にもわかりやすい構成となります。
ここで紹介している「マフィアのボスの部屋」は、右図のような分け方です。

❶最前面効果
　├［動］ライティング用素材
　├［動］エフェクト素材（キラキラ、ダストなど）
　└仕上げ処理用素材
❷動く素材（前面）
　├［動］照明器具
　├［動］武器庫扉
　├［動］オブジェ
　└etc
❸固定背景
❹動く素材（背面）
　├［動］水の柱
　├［動］暖炉
　└［動］etc
❺窓外素材
　├［動］街の灯り
　├街
　├［動］空
　└etc

実際のレイヤー構成

### ❶最前面効果

ライティング用の素材や、エフェクト用の素材、そして仕上げ処理のためのレイヤーが入ります（ブレンド方式の通常／乗算／加算のみ）。仕上げ処理のレイヤーとは、画面全体に対して光や影、遠近処理等を加筆したものです。その下にある「動く素材」は、パーツ分けしてしまうと色調整や仕上げ処理の効果を適応させづらいため、その前面から補正をかけるためのものになります。

## ❷ 動く素材（前面）

「固定背景」より手前に配置する動く素材です。動かすものの種類ごとにフォルダを分け、パーツ分けされたレイヤーが入ります。

## ❸ 固定背景

動かさない部分をすべてまとめたフォルダです。こちらは最終的に統合し1枚のレイヤーにします。作画時はこのフォルダ内で、動かさない部分すべての作画を行います。窓などの開口や「動く素材（背面）」を見せるための透過部分がある場合、仕上げ処理に注意が必要です。

## ❹ 動く素材（背面）

固定背景の透過部分から動くものを見せる必要がある場合に使用します。「マフィアのボスの部屋」でいうと、暖炉と水の入った柱がそれにあたります。

## ❺ 窓外素材

窓の外に見える風景素材です。街並みや自然風景、空や天候表現のための素材が入ります。

ブレンド方式や色調補正を使う際の注意点を解説します。ペイントソフトでいうところの合成モード（描画モード）にあたるブレンド方式は、「**通常**」「**乗算**」「**加算**」のみ使用可能です。そのため、ペイントソフトのみの合成モードや色調補正レイヤーを使用する場合は注意が必要です。2つの点について解説します。

### 1. 仕上げ処理のためのレイヤー

「最前面効果」に記載されている仕上げ処理のレイヤーとは、画面全体に対して光や影、遠近処理等を加筆したものです。その下の「動く素材（前面、背面）」内の素材は、パーツ分けをしてしまうと色調整や仕上げ処理の効果を適応させにくいため、その前面から補正をかけるためのものになります。これらは合成モードを「通常」「乗算」「加算」に限定して制作する必要があります。

### 2. 固定背景への仕上げ処理の注意

「固定背景」のフォルダは**最終的に統合するため、仕上げ処理のためのレイヤーですべての合成モードや色調補正レイヤーの効果を使用できます**。ただし、窓などの透過部分が入る場合は注意が必要です。透過部分に意図しない合成モードの塗りが被った場合、統合処理後はその効果が適用されずに意図しない色になってしまいます。また、色調補正レイヤーを使用した場合も固定背景以下の階層への効果の適応がなくなるので、意図せぬ仕上がりになります。

おすすめの対策としては、「固定背景」フォルダの中にもう1段階すべてをまとめたフォルダを作り、そのフォルダに対して、仕上げ処理のためのさまざまな合成モードを使ったレイヤーや色調補正レイヤーをすべてクリッピングすると、意図しない仕上がりを防げます。

インスペクタパレット

クリッピングの例

## Tips 76

# 汎用素材を用意する

唐揚丸

原画のpsdファイルとは別に、汎用素材をまとめたpsdファイルを用意すると作業効率が上がるので普段から使用しています。

このpsdファイルの中には、マスク等で使用可能な四角や丸などの図形、放射光やキラキラなどのエフェクト素材、グラデーション用の素材、雨などの天候用素材など、汎用性が高い素材をまとめており、原画のpsdファイルと同一のLive2Dデータに取り込みます。

**異なる作品上で使いまわしが可能**なので、都度必要なものを追加していくと使いやすい素材集ができあがっていきます。

さまざまなシーンで使える汎用素材

わかりやすい名前を付ける

---

**CHECK**

原画のpsdファイルにちょっとしたパーツやマスクを足したいとき、通常は統合前のpsdファイルを編集→再統合→取り込みしなければならず、少々手間です。そんなときにこの汎用素材psdファイルを使うと、ひと手間削減となり修正や追加のハードルが低くなります。

Tips 77

星影ラピス（[X] @HoshikageLapis）　使い魔メァ　キャラクターデザイン：nokoyama（[X] @nokoyama_en）
ラビエナガ　キャラクターデザイン：はなのすみれ（[X] @hananosumire）

# 汎用素材の活用

唐揚丸

[Tips 76]で紹介した汎用素材を使用した、クオリティアップの表現を紹介します。とくに**差分**をLive2D上で制作する際にライティングの調整等に役立ちます。

右図の背景はpsdファイルで差分を作らず、Live2D上で「床発光」「消灯」等の差分を簡易的に作成しています。

パーツごとの色調整も行い、汎用素材を使ってポイントで影や発光を入れています。

パーツごとの色調整は[Tips 84]で詳しく解説しています。

［星降る夜のプラネタリウム］
https://www.youtube.com/watch?v=yLK0XL7cG10

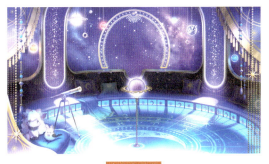

床発光差分

消灯差分

## Method1　ライティングの使用例

素材ごとの色変更を行い、汎用素材でのライティング追加前の状態です。この後ぼかしの入った図形を使って調整をしていきます。

図形を必要箇所にクリッピング→ブレンド方式を「加算」にした後、変形させて任意の場所に配置し透明度や色変更を行います。

ライティング追加前

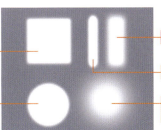

- 四角形のオブジェクトの発光補助（想定。今回は未使用）
- 望遠鏡のハイライト
- 星屑の柱の発光補助
- 水晶の発光補助
- 画面内複数個所のポイントでの発光や影の追加

今回はとくに手前に白飛びするような強いライティングを加えメリハリを出しました。このように汎用素材を用いて各所にライティングを加え、発光度合いや色味を調整することが可能です。

## Method2　ハイライトの使用例

加算にしてクリッピング

汎用素材を変形・色変更したもの

［Method1］のような大まかなライティングとは異なり、1つのパーツに対して細かくハイライトを加えることもクオリティアップにつながります。

汎用素材適用前のパーツに、床発光に合わせた、ライティングとハイライトを追加していきます。図のように汎用素材を変形・色変更したものを加算にしてクリッピングします。
床の強い光に合わせ、三脚部分を明るくし、望遠鏡の縁に強いハイライトを加えています。こういったひと手間で、周囲の環境になじんだ存在感になります。

## Method3　影の使用例

元々が暗い背景の消灯差分を作る場合、元のパーツに対して乗算で暗い色を乗せるだけでは、ただ濃く細部がつぶれた印象になります。そこで、「スクリーン」で青みのある色を乗せることで消灯感を出します。しかし、それだけだと逆にメリハリが弱くなってしまうため、汎用パーツを乗算モードで使用し、ポイントで影色を足すと効果的です。

たとえば今回の場合、1段下がっている床の奥が明るすぎたので、この位置にぼかした丸を変形させて、クリッピングしています。

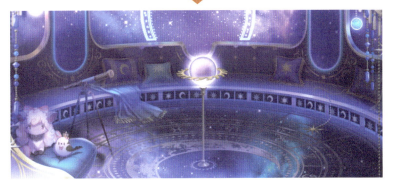

**CHECK**

このように光や影色が足りないと思った部分に汎用素材を使って色を乗せ、Live2D上で差分等の画作りをすることが可能です。ただし、このような加工は個人の感覚によるものが大きく、自分で描いたものではない場合はイラストのイメージを壊す可能性があります。そのため**イラストレーターとモデラーが別の場合は、必ず許可や監修が必要になります**のでご注意ください。

## Tips 78

# 複製 2 点ループの作成

唐揚丸

流れる雲や雨、湯気や繰り返す模様など**同じ位置で繰り返し動かしたい背景**を作る際、「**複製 2 点ループ**」がとても便利です。ループさせたい素材を複製して利用し、ガイド線を使って**リピートパラメータ**にキーを打つことで、乱れのない綺麗なループを作ることができます。背景モデリングにおいてかなり応用度が高く、アイディア次第で幅広い表現に使用できるので、大変おすすめなテクニックです。

複製 2 点ループのメリットは、主に以下の 3 点です。

- アートメッシュが **1 枚で良い**ので、**原画制作や修正が簡単**にできる
- パラメータとアニメーションキーフレームにも基本的に **2 点しか打たない**ので、**効率よく作業**できる
- ループを作ってから親にワープデフォーマを作成することで、**移動や変形、簡易的な速度調整も可能**となり、応用範囲が非常に高い

## Method1 パーツを用意する

複製 2 点ループの基本を右の図形を使って解説します。ループを考えた原画を用意する必要はなく、**ループ用のパーツは 1 つ**で制作可能です。イラスト制作の手間も軽減でき、またイラスト担当者が別の場合の指示も簡単です。

### CHECK

複製 2 点ループ以外の方法では、原画の時点でこの 2 倍分のループ用画像が必要になります。このような単純な図形ならまだいいのですが、複雑な塗りや描画数の多いものになるほど手間がかかり、モデリング中に修正したくなった場合も時間がかかります。綺麗にループさせたい場合は、原画は 1 枚のほうが効率良く作業できます。

複製 2 点ループを使わない場合、2 倍の長さの画像が必要

## Method2 モデリングを行う

モデリングを行っていきます。［Method1］で用意した 4 つの図形画像は **1 枚のアートメッシュ**になっています。

1 枚のアートメッシュ

## 1

「図形ループ」というパラメータを最小「0.0」最大「1.0」の値で作成します。この時点では［リピート］をパラメータには設定しません。

パラメータパレット

パラメータを新規作成時は［リピート］機能のチェックボックスは表示されません。作成後、該当の**パラメータを右クリック→［パラメータ編集］を開くと、チェックボックスが表示**されます。

新規パラメータ作成ダイアログ

パラメータ編集ダイアログ

## 2

ワープデフォーマを作成します。

デフォーマパレット

## 3

ガイドを設定します。**デフォーマの左上の頂点だけを選択**した状態で［表示］メニュー→［ガイド］→［選択されている頂点の座標にガイドを追加］を実行します。

すると、デフォーマ左上の頂点を基準に、水平と垂直のガイド線が追加されます。

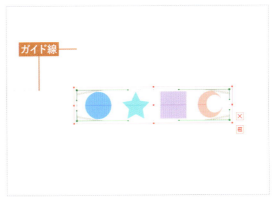

## 4

水平のガイド線は不要なので消します。[表示] メニュー→ [ガイド] → [ガイド (モデリングビュー) の設定] を開きます。
ガイド設定ダイアログで水平のガイドを選択し、削除します。さらに、残った垂直のガイドの色を任意のわかりやすい色に変更します。

ガイド設定ダイアログ

すると、右図のように水平のガイド線が削除され、垂直のガイド線に色が付きました。
この先、**ガイド線を基準に図形を動かして**いきます。

## 5

ワープデフォーマ「図形1」と、アートメッシュ「ループ用図形」を選択して複製します。複製したほうのデフォーマ名を「図形2」に変更しました。

複製したほうのデフォーマを [SHIFT] キーを押しながら水平に左方向へ移動し、**デフォーマの右端がガイド線にぴったり重なる**ように配置します。

## 6

デフォーマ「図形1」「図形2」を選択した状態で、**1**で作成したパラメータ「図形ループ」にキーを2点打ちます。

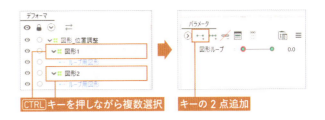

## 7

パラメータのスライダーを「0.0」から「1.0」の値に移動させたら、選択している2つのデフォーマを一緒に水平に右へ移動します。このとき、左側のデフォーマの左端がガイド線にぴったり重なるように配置します。

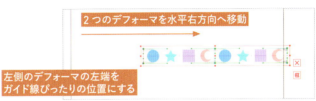

## 8

ここでリピート設定を行います。パラメータ「図形ループ」を右クリック→［パラメータ編集］を開き、［リピート］のチェックを入れます。

パラメータ編集ダイアログ

## 9

**8**まででループは完成なのですが、この先の作業で画像のループ表示位置の調整がしやすいように、新たに位置調整用のデフォーマを作成します。作成した位置調整用のデフォーマが「親」、その中にここまで作成したデフォーマとアートメッシュを入れて「子」となるようにします。

位置調整用のデフォーマが、「子」デフォーマとアートメッシュの==移動距離を囲むように設定==します。

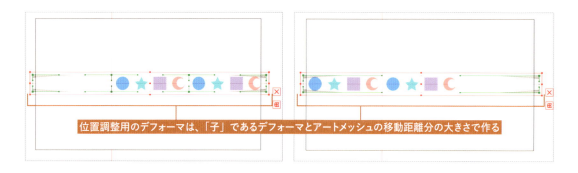

位置調整用のデフォーマは、「子」であるデフォーマとアートメッシュの移動距離分の大きさで作る

POINT

今回作成する複製2点ループの途切れずにループする範囲は、==移動距離の中心1/3==のみになります。そのため、移動や変形した際の目印になるように、デフォーマの==ベジェ分割数の横の数を3の倍数に設定==しておくと後々便利です。

デフォーマのインスペクタパレット

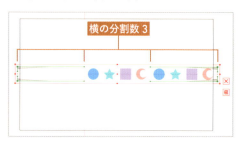

## 10

オブジェクトの移動距離の中心1/3がループとして使える部分になるので、==中心部にマスク==を適用します。
ループさせる図形のアートメッシュにマスク用素材をクリッピングします。
そして、==マスク用素材の不透明度を「0%」==にします。
これで綺麗なループのモデリングが完成しました。

図形のインスペクタパレット

マスク用素材をクリッピング

マスクのインスペクタパレット

マスクの範囲だけが表示されるようになる

## Method3　アニメーションを作る

ループのアニメーションを作ります。作業はアニメーションワークスペースで行います。

**1**

アニメーション用に20秒のタイムラインを作成しました。まずは始点にパラメータ「0」のキーフレームを打ちます。

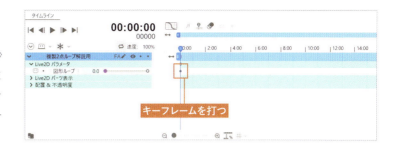

**2**

インジケーターをアニメーションの終点に移動し、パラメータスライダの右の点をクリックします。クリックするほどリピート回数が増えていきます。今回は15.0に設定しました。

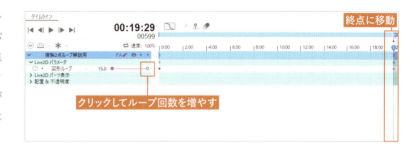

**3**

一旦アニメーションの編集モードを「ドープシート」から「グラフエディタ」に変更します。このとき、［オートスムーズ］がかかった状態になっている場合があるので、**必ず確認**します。［オートスムーズ］がかかった状態であれば、**［リニア］アイコンをクリックして、一定速度でループするように修正**します。
アニメーションを再生し正常にループしているか確認し、問題なければ「複製2点ループ」方式のループアニメーションの完成です。

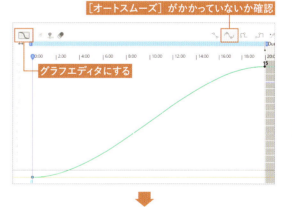

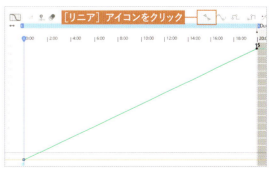

### POINT

［オートスムーズ］の場合、キーの間はなめらかなカーブでつながり、アニメーションはゆっくりと動きはじめ、次のキーフレームへ向かって減速する動きになります。［リニア］の場合、キーの間は直線でつながり、アニメーションは一定で変化し、直線的な動きになります。［ベジェ］は、カーブの形を自由に編集できます。ほかに、［ステップ］［インバースステップ］があります。

にじさんじ 不破湊（[X] @Fuwa_Minato）

実際の背景に「複製2点ループ」を活用するさまざまなパターンは、[Tips 79]で紹介します。
今回の[Tips 78]で紹介した基本系は、たとえば右の背景のような窓の外の雲の移動で使えます。

[No.1 のペントハウス]
https://www.youtube.com/watch?v=YvXeedbldDs

雲のアートメッシュを1枚で作成します。2点のパラメータ、ガイド線を作り、雲のアートメッシュを複製します。

雲移動のためのパラメータ

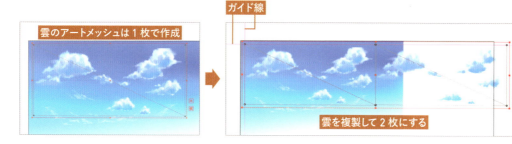

動きの作成にあたり、この背景ではデフォーマを作らず、アートメッシュに直接動きを設定しています。
動きが作成できたら、「雲 移動」のパラメータに[リピート]の設定を入れます。
動きは、雲が左から右に流れるような動きになっています。雲を表示したい部分は、画面の表示範囲外であったり、ほかの背景で隠れるため、わざわざマスクを作成していません。

パラメータ編集ダイアログ

雲は左から右への移動をループする

## Tips 79

# 複製2点ループの応用

唐揚丸

「複製2点ループ」は背景モデリングにおいてさまざまな表現に活用できます。ここではその例と、応用技を紹介します。

にじさんじ 不破湊（[X] @Fuwa_Minato）

### Method1　天候表現での活用

実際の背景に複製2点ループを活用した例と、応用として**角度調整**を入れた例を紹介します。
雲の流れや、雨や雪を降らせる動きは、複製2点ループによって簡単に作成できます。

［No.1 のペントハウス］
https://www.youtube.com/watch?v=YvXeedbldDs

雨表現の場合は複製2点ループを縦で作成し、角度を少し付けます。次から作り方を解説します。

**1**

雨表現は、まずはループを縦方向で作成します。ループ自体はアートメッシュに直接キーを打っています。

パラメータパレット

雨のアートメッシュ

縦方向の雨のループ

Part2 背景モデル

177

**2**

デフォーマ構成は右図のようになっています。デフォーマを使って雨の**角度と位置調整**を行います。

デフォーマパレット

**3**

下図のように「0.0」〜「1.0」の値の角度変形用のパラメータを作成し、「0.0」にキーを打ち、デフォーマでの変形前の形状を保存します。
「1.0」値でデフォーマを変形させ、雨の角度を付けます。

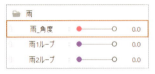

パラメータパレット

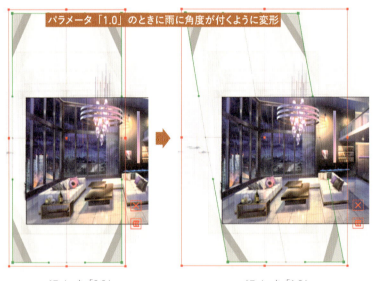

このように作成することで、角度の付いたループも簡単に作成できます。

角度の付いた雨のループ

## Method2　流れる水の表現

複製2点ループは、素材が正面の状態でループを作成し、**後からパースに合わせて変形**させる使い方がとても便利です。

右の背景では、複数の滝、水路、噴水など多くの流れる水の表現に複製2点ループを使用しています。

［蒼炎と水月の魔城］
https://www.youtube.com/watch?v=NqM-HqwWOhk

背景の右側に位置する壁を流れる滝（アクアウォール）で解説します。

アクアウォール

### 1

滝のテクスチャ用に右図のようなテクスチャ素材を制作しました。
パース付け以外の変形も想定して、**メッシュ割りは細かく**行っています。
アートメッシュを複製し、縦方向の複製2点ループを作成します。また、アートメッシュのブレンド方式を「加算」に設定し、滝のベース素材にクリッピングしています。

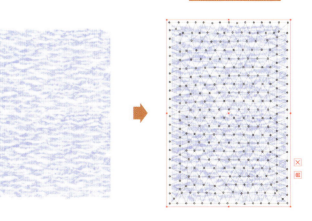

滝のテクスチャ素材　　アートメッシュ

パラメータパレット

**2**

滝のテクスチャを変形するためのワープデフォーマを用意します。**4** でパースを付けた変形を行っていきます。

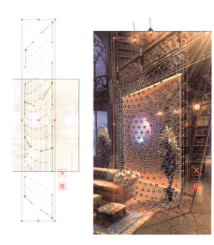

デフォーマパレット

**3**

変形前の形状を保存するためのパラメータを作成します。このパラメータを使って、**2** で作成したデフォーマの変形を行っていきます。

パラメータパレット

**4**

デフォーマは右図のような変形にしました。パースを意識した全体変形（==角度の変形と奥へいくほど圧縮がかかる==ように）と、流れる水を若干湾曲させたかったので、==中心部にカーブ==を入れています。

**1** でメッシュ割りを細かくしているので、デフォーマの中を通る滝のテクスチャ素材が、デフォーマの変形に合わせて細かく変形します。

**5**

変形用デフォーマのインスペクタパレットで、「不透明度」の調整と「乗算色」の変更をしています。滝のテクスチャ素材の色味が自然になります。

インスペクタパレット

**6**

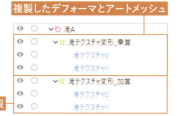

ひと通り完成したら、デフォーマとアートメッシュを複製し、アートメッシュのブレンド方式を「乗算」に変更します。

**7**

パラメータを加算用から乗算用のパラメータへ移し替え、形状を微調整して完成です。アニメーションではこの 2 つのループパラメータの再生速度を変えて、水の不規則性を加えました。

### 8

奥の滝カーテンや水路も同じ方法で作成しています。テクスチャ次第ではあるものの、単純なパーツ構成でそれなりのリアルな表現ができるので、それほど時間がかからず高い効果が得られます。

共同制作［窓外制作］：Kstudio かわにな（［X］@kawanina0218）

## Method3　エフェクトの表現

複製2点ループは、煙や光の粒子のような**エフェクトにも応用**ができます。
また、変形用デフォーマでコントロールすることで、サイズだけでなく**速度も簡易的に調整**することが可能です。
右の背景のティーカップの湯気を例に解説します。

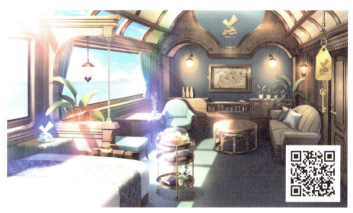

［Vとぴ寝台特急］
https://www.youtube.com/watch?v=jBRSeivKJXo

### 1

アートメッシュは右の画像1枚です。複雑な変形をかけるので、**メッシュも細かく割り**ます。

湯気の素材　　　　　アートメッシュ

181

## 2

デフォーマ構成は右図のようになります。デフォーマを使って縦方向のループを作成し、「親」に変形用デフォーマを作成していきます。

## 3

変形用のデフォーマの変換の分割数は、細かめに設定します。これは、湯気の複雑な形状変形を行うためです。
また、今回作成する複製2点ループの途切れずにループする範囲は、移動距離の中心1/3のみとなります。そのため、移動や変形した際の目印になるように、デフォーマのベジェ分割数の縦の数を3の倍数に設定しておくと便利です。
どちらもインスペクタパレットで設定します。

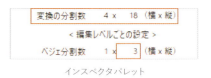

インスペクタパレット

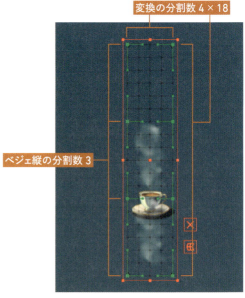

## 4

[Tips 78] の 10 と同じ要領で、湯気を表示したい部分にマスクをかけます。

長方形のぼかした画像を使ってマスクをかけているのは、ぼかし具合の調整がしやすいためです。これにより**徐々に消える湯気が表現**できます。

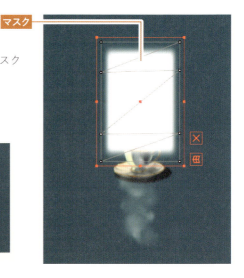

### 5

変形用デフォーマを変形していきます。湯気が発生する付近を **A** のように絞りました。

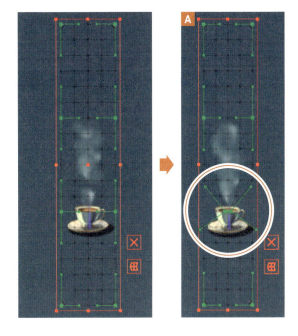

**POINT**
この時点でアニメーションデータを作成し、湯気の動きをチェックします。これだけでも悪くはないのですが、もっと有機的に動かしたいと思いました。

### 6

**A** のように下部と上部で動くスピードを変えていきます。目安として、変換の分割の間隔が狭いほど中を通るオブジェクトのスピードが遅くなり、間隔が広いほど速い動きに見えます。
それを意識して、さらに **B** のように変形しました。左右で動くスピードが交互に変わり、湯気が不規則に変形しているかのように見せることができます。

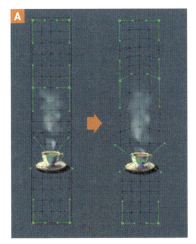
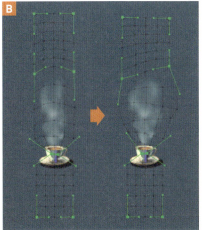

**POINT**
好みの動きになるように、アニメーションとモデリングを行ったり来たりしながら調整しましょう。

パラメータ2点、アニメーションキーフレーム2点でも、デフォーマの形状次第で、簡易的に形状とスピードの緩急をコントロールすることが可能です。
右図のように、並べて違いを観察してみると面白いです。
ちなみに、デフォーマが長いと作業中邪魔になるので、3分割のうち一番上と下は縮めても、ループするのは中央部1/3だけなので問題ありません。

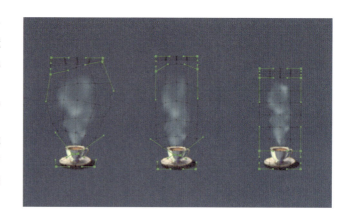

### 7

さらに、アクセントになる湯気パーツを加えます。1つだと物足りなかったので、複製して左右に配置、デフォーマで囲みました。このデフォーマごと複製し、ループを作ります。

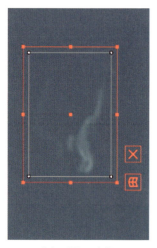
追加の湯気の素材

アートメッシュ

デフォーマ

### 8

デフォーマを変形しました。細長い湯気が伸び縮みしているように見せることができます。アニメーションでのループ回数や、デフォーマの形状を調整して完成です。

ループを作った湯気パーツのフォームを変形

共同制作［ロゴデザイン］：九垒かぼす（［X］@kuno_to_yomu）

**POINT**
湯気と同じ考え方で、このような立ち上る光の粒子を動かすことも可能です。

［Verdigris - 島の遺跡のビアラウンジ -］
https://www.youtube.com/watch?v=McGHVktJhHg

たみーCh/ 民安ともえ（［YouTube］https://www.youtube.com/@tammy_ch　［X］@tammy_now）

**POINT**
複製2点ループを列車の窓外の景色などに応用することもできます。
ここで紹介している作品は、森の木々をパースと速度を調整することで表現しています。

［寝台特急 雪と星のVIP］
https://www.youtube.com/watch?v=MAko_4VCPg8

車窓を流れる森の木々で複製2点ループ活用

Part2 背景モデル

185

## Tips 80
# リピートグラデーション

唐揚丸

ループさせるグラデーションの作り方を解説します。
［Tips 78］［Tips 79］と同じように、**リピートパラメータ**を使います。下図のスピーカー部分にグラデーションを付けていきます。

［緑と水辺の作業部屋］ https://www.youtube.com/watch?v=Mch0_NG2lec

**1**

まず、グラデーション素材を作成します。ペイントソフト（ここではPhotoshop）で縦長の長方形素材を作成します。［レイヤースタイル］の［グラデーションオーバーレイ］を使うと調整しやすく簡単に作成することができます。
［描画モード］は［通常］、スタイルは［線形］、角度を［90°］に設定します。
次に使用するグラデーションを選択、もしくは作成します。このときに**最初と最後が必ず同じ色になるよう調整**するのがポイントです。任意のグラデーションが作成できたらLive2D Cubismに取り込みます。

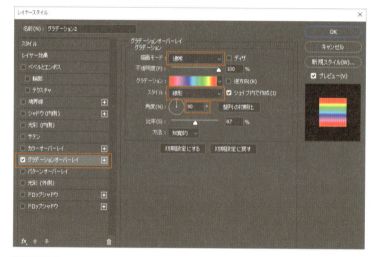

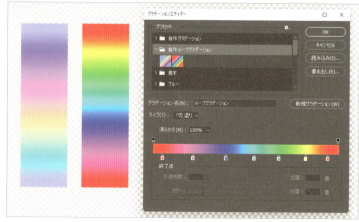

## 2

グラデーション用のループパラメータを「0.0」～「1.0」で作成します。1 で作成したグラデーション素材を、[Tips 78]で解説した複製して移動させる方法で、下から上へ移動するようにパラメータにキーを打ち、[パラメータ編集]を開いて[リピート]のチェックを入れます。

グラデーション用の
ループパラメータ

## 3

2 で作成したアートメッシュの親に位置調整用デフォーマを作成します。後にこのデフォーマを移動やサイズ、透明度調整などに使用します。
このときにアートメッシュのはみ出しが出ないように、デフォーマのサイズは移動距離を囲むように設定します。

**POINT**

このように複製して移動させるリピートの作り方の場合、移動距離全体の中心1/3が完全なループ箇所になるので、**デフォーマを3分割**にしておくと移動や変形させた際の目安になるので便利です。
ただ、あまり大きな変形をさせてしまうとアートメッシュとアートメッシュの接続部分が離れてしまい、ループが途切れてしまう場合があるので注意が必要です。

デフォーマを3分割しておくと、移動の目安になる

### 4

デフォーマをスピーカーの上へ移動させます。次にグラデーションのアートメッシュすべてをスピーカー本体のアートメッシュにクリッピングします。また、クリッピングした素材の模様を見せるため、今回はグラデーションのアートメッシュのブレンド方式を［乗算］に変更しました。
デフォーマを使ってグラデーションの幅を調整したり、透明度を変更して色のバランスを整えて完成です。

インスペクタパレット

188

## Tips 81

# 回転するリピートグラデーション

唐揚丸

［Tips 80］では一定方向にループするグラデーションを解説しましたが、ここでは回転するグラデーションについて解説します。**円形素材**と**回転デフォーマ**を使います。

［緑と水辺の作業部屋］https://www.youtube.com/watch?v=Mch0_NG2Iec

### 1

グラデーション素材を作成します。ここでは Photoshop で正円の図形を作成しています。［レイヤースタイル］の［グラデーションオーバーレイ］を使い、スタイルを［角度］に変更します。
色を調整し、任意のグラデーションが作成できたらLive2D Cubism Editor に psd 形式で保存したデータを取り込みます。

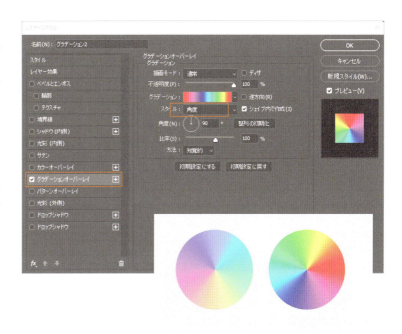

### 2

グラデーション用のパラメータをキー「0.0」〜「1.0」で作成します。グラデーションの親に回転デフォーマを作成します。

グラデーション用のパラメータ

Live2D Cubism Editor 上に取り込んだグラデーション素材

回転デフォーマの作成

パラメータにキーを2点打ちます。始点では回転デフォーマの角度を0度に、終点は360度に設定します。その後、[パラメータ編集]を開いて[リピート]のチェックを入れます。

始点のパラメータ

終点のパラメータ

### 3

グラデーションのアートメッシュの親に調整用デフォーマを作成します。後にこのデフォーマを移動やサイズ、透明度調整などに使用します。調整用の回転デフォーマはスピーカーの上へ移動させます。

### 4

スピーカーにグラデーションの円の左側だけが被るように配置し、グラデーションのアートメッシュをスピーカー本体のアートメッシュにクリッピングします。
アートメッシュのブレンド方式を変更したり、サイズや透明度を調整したら完成です。

> **CHECK**
> 円形グラデーションはアートメッシュ1つを回転させるだけで作成できて簡単な一方、表示範囲が限られるため、グラデーションの変化度合いを調整しにくいという面があります。表現したいグラデーションの種類によってほかの作成方法と使い分けると良いでしょう。

## Tips 82
# リピートパラメータの おすすめ数値

唐揚丸

リピートパラメータのキーを最小「0.0」最大「1.0」としてループアニメーションを制作する場合、アニメーションタイムラインにおいて始点値は「0.0」、アニメーションの終点値はループする回数によって「1.0」「2.0」「3.0」のように加算された数値になります。そのため、キーは「0.0」〜「1.0」や「0.0」〜「10.0」といったように、**リピート回数で割り切れる数値にする**ことをおすすめします。

たとえば、キーを「0.0」〜「3.0」にして、125回リピートさせようとした場合、終点値が半端な数値となってしまいます。グラフの中間において速度調整などしたい場合も、1ループの区切りが瞬時にわかりにくく作業効率があまり良くありません。また、キーに最小「-1.0」デフォルト「0.0」最大「1.0」といったように-値を使用した場合も合計の数値が把握しにくくなり、調整時に面倒になるので使わないようにしています。

パラメータパレットとパラメータ編集ダイアログ

アニメーションワークスペースのタイムラインパレット

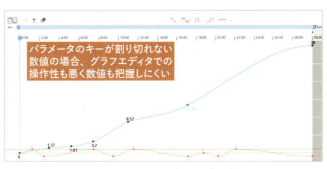

タイムラインパレットのグラフエディタ表示

### POINT

タイムラインパレットに表示されているパラメータの右端のキーをクリックすると、そのクリック数に応じて終点値（ループ回数）が増えていきますが、減らすことはできないので、ループ回数を減らすときは**数値の打ち込みかグラフのキーを手動で移動**させることが必要になります。

### POINT

リピートパラメータは、たとえば**雲などの単独かつ一定速度で動くものには最適**ですが、生き物などほかのパラメータとタイミングを合わせて速度を調整したいというような場合は適しません。ひとつは上記の数値の問題のように、タイムライン途中でのパラメータの最小値と最大値の区切りの見分けがつきにくく、数値計算が必要な点、もうひとつはグラフがリピート数に応じて右肩上がりになり、複数表示した場合リピートパラメータではないほうの上下幅が狭まるので、操作性が悪くなるためです。

# 色変更グラデーション

Tips 83　　　　　　　　　　　　　　　　　　　　　　　　　　　唐揚丸

「乗算色」と「スクリーン色」機能による色変更を使用したグラデーションの作成方法を解説します。
P.151で解説したブレンド方式とは異なる機能で、オブジェクトに任意の色を乗算合成またはスクリーン合成することができ、併用も可能です。アートメッシュだけでなく、デフォーマにも適用可能な点が特徴です。
右図のように背景の柱や壁、水路に沿って光る発光ラインにグラデーション変化を設定していきます。

［緑と水辺の作業部屋］
https://www.youtube.com/watch?v=Mch0_NG2lec

## 1

グラデーション変化用のデフォーマ「発光ライン_グラデーション」を作成します。今回は回転デフォーマを、同じように色変更させたいアートメッシュをすべての親に設定しました。

## 2

回転デフォーマ「発光ライン_グラデーション」を選択し、グラデーション用のパラメータを「0.0」〜「1.0」で作成します。今回は細かく色変化させたいので、［キーフォーム編集］で0.0〜1.0まで合計11個のキーを打っていきます。リピートさせるため0.0と1.0は同じ色になるので、合計10色の色指定をします。

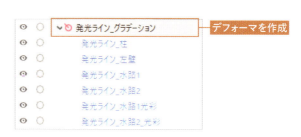

キーフォーム編集ダイアログ

### 3

回転デフォーマ「発光ライン_グラデーション」を選択した状態で、パラメータの 0.0 をクリックします。
インスペクタパレット上の「乗算色」と「スクリーン色」を使って色を設定します。今回は乗算で任意の色を乗せていきます。「乗算色」の隣にあるカラーボックスをクリックするとカラーピッカーがポップアップされます。
今回はデフォルトの色を水色にしました。

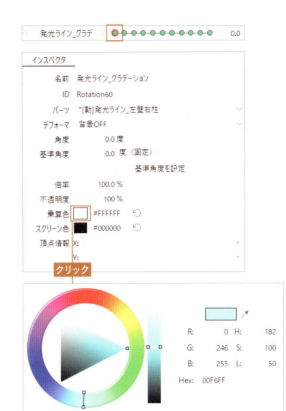

0.0 の色が決まったら、最終値である 1.0 にも同じ色を設定します。

その他のパラメータ値は、カラーサークルを参考にしつつ、パラメータを動かしたときに綺麗なグラデーションになるよう色を設定します。最後に、[パラメータ編集]を開いて[リピート]のチェックを入れて完成です。

## Tips 84

# 消灯差分を作る

唐揚丸

「**乗算色**」や「**スクリーン色**」による色調整は、背景イラストにおいてさまざまな使い方が可能です。
下図の背景イラストは原画のpsdファイルは1データ内で差分は作らず、Live2D Cubism上で消灯差分を作成しました。

［湖畔のバーチャルグランピング］
https://www.youtube.com/watch?v=D2k3DaBX4NA

### 1

この背景のレイヤーフォルダ構成は大まかに右図のように構成しています。
「3.固定背景」は通常は1レイヤーに統合しますが、今回は色変更の予定があったので、家具やテント、床など、ある程度パーツ分けしています。

> 1. 最前面効果
>   ┗ライティング用素材
> 2. 動く素材（前面）
>   ┗吊りランタン、置きランタン、電飾、炎
> 3. 固定背景
>   ┗テント・テント内部、薪台、家具、手すり、床
> 4. 窓外素材
>   ┗空、山、湖、桟橋、森、大木 etc

## 2

同時に色調整したいアートメッシュは、ある程度まとめて消灯用のデフォーマを作成して入れていきます。すでに揺れなどのデフォーマが設定されている場合も、まとめて消灯用のデフォーマに入れます。デフォーマをまとめることで、この先デフォーマに入ったアートメッシュの色を「乗算色」「スクリーン色」を使って一気に変更できます。

消灯差分以外にテントや家具のカラーバリエーションを作るために上記のように細かくパーツ分けをしていますが、必要ない場合はある程度統合して取り込んでください。

## 3

消灯用のパラメータを「0.0」〜「1.0」で作成します。例として床のデッキ面に消灯用の色変更を設定していきます。床以外はすべて色変更が終わっている状態で、消灯用のデフォーマを選択します。0.0 が通常の背景、1.0 で消灯されるように、インスペクタパレット上の「乗算色」「スクリーン色」を使って設定します。

パラメータ値 1.0 のときに消灯

まずは乗算色で影色を乗せます。ただ暗くなっただけになってしまったので、月夜の雰囲気に合うように「スクリーン色」を使って彩度を落とした青みがかった色に調整します。
これで少しの調整で大きく印象を変えることができます。

「スクリーン色」にも微調整も加えます。ほんの少しだけ青みがかった黒にします。すべての消灯用デフォーマに「乗算色」「スクリーン色」を設定したら完成です。
このように、簡易的ではありますが、**原画のpsdファイルを複製して差分を作らなくても、Live2D Cubism上で差分作成が可能**です。

### CHECK

**イラストレーターとモデラーが別の場合は許可や監修が必要**になりますのでご注意ください。

Tips 85　星影ラピス（[X] @HoshikageLapis）　使い魔メア　キャラクターデザイン：nokoyama（[X] @nokoyama_en）
ラピエナガ　キャラクターデザイン：はなのすみれ（[X] @hananosumire）

# 原画を修正せずに
# オブジェクトの透明度を調整する

唐揚丸

オブジェクトの**透明度を変えたい場合、原画の修正をせずに調整をする方法**を紹介します。
下図の背景イラストの中央にある水晶玉を使って解説します。

[星降る夜のプラネタリウム]
https://www.youtube.com/watch?v=yLK0XL7cG10

水晶玉中心部の
透明度調整を行う前

## 1

右図は水晶玉のパーツ構成です。綺麗な発光表現とカラーバリエーションを制作したかったため、このようなパーツ構成にしています。
おおまかに、背面発光用の素材、ベース素材、テクスチャ、影、ハイライト、前面発光素材の順で重ねています。パーツ作成時点で水晶のベース素材や発光用の素材の中央に透明度の変化を持たせなかったのは、Live2D上で乗算色やスクリーン色を使用して色変更を行った際に、半透明部分にも色変更が影響し、自分の思った色味に調整しにくい可能性があるからです。

## 2

まずは水晶本体のベース素材に透明度を付けていきます。丸をぼかしたものを透明度調整素材として用意します。
透明度調整用素材をベース素材に重ね、ベース素材を透明度調整素材にクリッピングします。

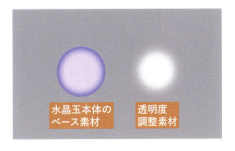

## 3

「マスクを反転」にチェックを入れた後、透明度調整素材の不透明度を下げます。

透明度調整用素材の不透明度を 20～30% あたりに設定し、さらに乗算などで色を乗せることで、水晶の不透明度部分の色も調整することが可能です。

その他の発光用の素材なども同じように、透明度調整用素材にクリッピングし中央部を不透明にして完成です。

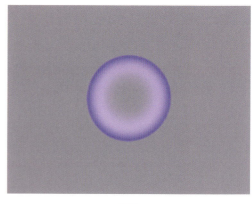

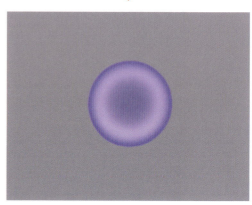

各パーツの色を乗算色やスクリーン色で調整しつつ、カラーバリエーションを作成します。
その際に不透明度用素材の色味もこまめに調整し、狙った透明感を出しています。

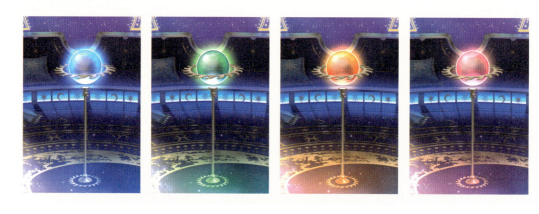

## Tips 86

共同制作 ［ロゴデザイン］：九埜かぼす（［X］@kuno_to_yomu）

# 照明器具のパーツ分けのコツ

唐揚丸

揺れる照明器具を作るには**動かし方を想定したパーツ分け**と**発光用素材の用意**が重要です。ここではその一例を紹介します。

［Verdigris - 島の遺跡のビアラウンジ -］
https://www.youtube.com/watch?v=McgHVktJhHg

照明器具のパーツを右図のように構成しています。
発光用の素材は Live2D 上でブレンド方式を加算に設定して使用します。

照明器具1台に対して、筆者は通常 **3〜4個** の発光用素材を使うようにしています。これらは照明器具本体の前面と背面に配置します。
理由は、原画制作時においても Live2D 作業時においても、光の色味の調整や発光度合いの調整が行いやすいからです。
発光1〜4までそれぞれ役割を分けておくと、調光用パラメータで光の強弱を付けるときや、たとえばライトの色をオレンジから青にガラッと変化させたいときなどにとくに有用です。

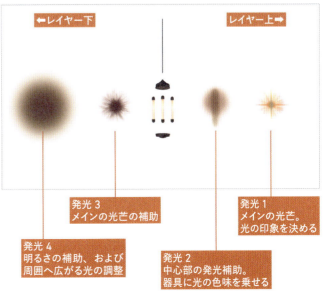

発光1
発光2
照明器具本体
　├コード
　├本体下
　├電球×3
　└本体上
発光3
発光4

レイヤー構成

←レイヤー下　　レイヤー上→

発光3
メインの光芒の補助

発光1
メインの光芒。
光の印象を決める

発光4
明るさの補助、および
周囲へ広がる光の調整

発光2
中心部の発光補助。
器具に光の色味を乗せる

**1**

発光 1……照明器具本体の前面に配置します。メインの光芒で、光のデザインの核となるので形が大事です。

**2**

発光 2……照明器具本体の前面に配置します。
照明中心部の発光強化と、照明器具自体に光の色味をのせるために配置しています。

**3**

発光 3……照明器具本体の背面に配置します。メイン光芒の補助です。
照明器具の前に配置すると発光度合いが高くなりすぎて白飛びするので、背面に配置して大きさや透明度を変えることで光の広がりを演出します。

**4**

発光 4……照明器具本体の背面に配置します。
明るさの補助、および照明の周囲に当たる光の色味を決める役割です。
調光を付けるときは発光 4 の透明度を変えるだけでも光の強弱が付いて見えるので効率が良くなります。

光の強弱を付けるときは、発光 1 ～ 4 をひとまとめにして透明度を一緒に下げるだけだと、発光感が弱くなり濁った色味になる場合があります。そのため、たとえば発光 1 と 4 など 1 部の透明度を下げるようにすると、発光感や光の透明感を保ったままライトの光を弱めるように見せることができます。
ライトの色味を変えたいときも、すべて調整しなくとも発光 1 と 4 だけ乗算やスクリーンで色変更すると綺麗に色変更することが可能です。

発光用素材のブレンド方式を「加算」にするときのポイントを紹介します。

**1. 色選びについて**
加算にする素材の色選びのポイントは、色味を加えたい場合は「彩度が高く明度の低めな色」、
輝度を上げたい場合は「彩度は中～低、明度は中間」
あたりを選ぶと、背景の描画を活かしながら発光感を出しやすくなります。ただし、背景の色味によって加算の影響度は大きく変わるので調整しながら試してみてください。

**2. 背景色について**
基本的に加算は背景が暗めなほうが効果を発揮しやすくなります。背景が明るいと加算用素材のグラデーション変化が弱まり、白飛びしやすくなります。その場合、発光 4 の下に加算ではない通常レイヤー素材を追加して、発光の色味を調整したりするのも対策の 1 つです。

夜背景に使った発光素材を、

昼背景にそのまま使うと発光度が変わる

# Tips 87

# 光の動きを足してリッチに

唐揚丸

背景アニメーションにおいて光の動きを加えると画面がリッチになるのでおすすめです。**光を動かす**、**強弱を付ける**などの方法があります。ここでは3つの例を紹介します。

共同制作 ［ロゴデザイン］：九埜かぼす（［X］@kuno_to_yomu）

### 1

照明器具の調光の例です。調光用パラメータを作り、照明器具の光の強弱を付けます。

［Verdigris - 島の遺跡のビアラウンジ -］
https://www.youtube.com/watch?v=McgHVktJhHg

© Live2D Inc.

### 2

全体の調光の例です。画面内の照明器具だけでなく、画面内に入り込んでくる光や全体の明るさの強弱を付けます。

［緑と水辺の作業部屋］
https://www.youtube.com/watch?v=Mch0_NG2Iec

凪乃ましろ（[X] @Nagino_Mashiro）

### 3

窓からの日光の強弱と放射光の角度を動かした例です。調光パラメータを作り、アニメーションで光の揺らぎを演出します。

[白のシーサイドサンルーム]
https://www.youtube.com/watch?v=LgpOMciN89Y

下図はグラフエディタでの日光（緑）と照明器具の調光（赤）のタイムラインです。それぞれ明るいときと暗いときの波が近くなるように設定しています。
このようにグラフエディタで作業すると光の状態が可視化され、わかりやすいのでおすすめです。
よりクオリティをアップするには、アニメの撮影処理を参考にしたり、レンズフレア等を加えていくとより良いでしょう。

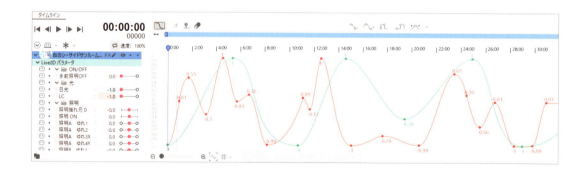

> **CHECK**
> 調光時、**イラストレーターとモデラーが別の場合は許可や監修が必要**になりますのでご注意ください。

凪乃ましろ（[X] @Nagino_Mashiro）

# 光のゆらぎを作る

唐揚丸

光のゆらぎを作る方法を2種紹介します。日光や調光の強弱をアニメーションで表現することで、実際にその空間に時が流れているかのような印象に近づき、より魅力的な空気感を演出することが可能です。

## Method1　アニメーションで作る

1つは［Tips 87］で紹介したように、調光用パラメータを作りアニメーションでキーを打つ方法です。
調光用パラメータは照明器具1つずつや種類によって分けるのも良いですが、多すぎると調整が大変だったり画面がうるさくなるので、ある程度ひとまとめにするのが良いでしょう。

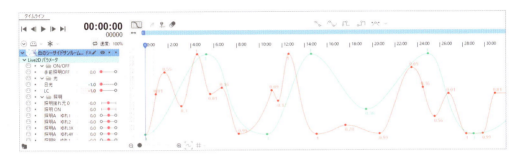

［白のシーサイドサンルーム］
https://www.youtube.com/watch?v=LgpOMciN89Y

## Method2　物理演算に入れる

照明器具の揺れで反応するよう物理演算に入れます。
ランダム性が出て良い半面、揺れ度合いに大きく影響するため、室内などであまり揺らさない場合は効果が小さく、また大きく揺らす場合も光の明滅がうるさくなり、調整が難しいかもしれません。

## Tips 89 同じ素材を違和感なく再配置する

ホロライブ 尾丸ポルカ（[X] @omarupolka） © 2016 COVER Corp.

唐揚丸

同じ形状・デザインの照明等の吊り物が画面上に複数ある場合、まずは1つモデリング、物理演算を設定してから**複製し、別位置に配置すると時短**につながります。その際に違和感を少なく再配置するポイントを紹介します。

［サーカス座長の屋根裏部屋］ https://www.youtube.com/watch?v=aNNKfoMORu4

### 1

今回の背景では、右図の照明を画面中に2箇所配置しています。モデリングでは多段揺れと、さらに照明本体が360°回転するように制作しました。

> **CHECK**
> 再配置する場合、配置する場所によってパースが異なるので、オブジェクトの角度調整が必要になります。可能であれば作画段階で、複製して拡大縮小・移動しても、角度の調整が必要のない形状でオブジェクトを作成すると時短になります。

### 2

ひと通りモデリングと物理演算設定が終わったら、照明器具を構成するすべてのデフォーマの親に、位置調整用の回転デフォーマを作成します。

位置調整用の回転デフォーマ

# 3

2 の照明Aをすべて選択して複製したら、名称を照明Bに変更します。

位置調整用デフォーマを使って任意の場所に移動、照明全体を縮小します。位置移動とサイズ調整が終わったら、空間になじませるための色調整を行います。

照明器具の色や光の色を、[Tips84]で解説した「乗算色」と「スクリーン色」の機能で調整します。

照明Bをやや暗めにすることで、手前と奥で遠近感を表現できます。

**CHECK**

色変更でイラストのイメージが変わる場合、**イラストレーターとモデラーが別の場合は許可や監修が必要**になりますのでご注意ください。

 **POINT**

配置場所によって天井の高さが異なることがあります。画面外であっても、天井の高さに照明の吊元があり、吊元＝揺れの基点になります。その場合吊元の位置を調整し、**位置調整用デフォーマを吊元があると想定した位置に移動し、かつ1段目の揺れを作る回転デフォーマも吊元の位置に移動してください**。このとき、揺れ1のパラメータを付け直す必要がありますが、こうすることで天井から吊り下がるオブジェクトの位置的な違和感のない揺れを作ることができます。

## Tips 90

にじさんじ 不破湊（[X] @Fuwa_Minato）

# 移動用パラメータで表現をより豊かに

唐揚丸

アニメーション上で大きな移動を行うオブジェクトは、**移動用のパラメータ**を作成して位置・サイズ・色調整を行うことで、遠近感を伴った移動表現が可能です。右の背景の、窓の外を飛ぶ飛行船で解説していきます。

［No.1 のペントハウス］
https://www.youtube.com/watch?v=YvXeedbIdDs

### 1

飛行船の垂れ幕の揺れやライトの角度などの必要なモデリングを終えた後、すべての親に移動 X の回転デフォーマを作成し、移動範囲の中心となる位置に飛行船を移動させます。
その後、移動 X の親に移動 Y の回転デフォーマを作成します。

### 2

「飛行船_移動 X」と「飛行船_移動 Y」のパラメータを「-1.0」～「0.0」～「1.0」で作成します。

**1** で作成した回転デフォーマ「飛行船_移動X」に、パラメータ「飛行船_移動X」へキーを3点設定します。
パラメータのキー「-1.0」は、中心から左へ水平移動し窓から見えない位置へ設定します。
キー「1.0」は、中心より右へ水平移動し壁に隠れて見えなくなる位置まで移動します。
このときに、キー「-1.0」は飛行船が手前にある状態なので回転デフォーマを調整し飛行船のサイズを拡大、
キー「1.0」は遠くになるので回転デフォーマを調整し飛行船のサイズを縮小させます。
パラメータを移動しながら、飛行船が手前から奥へ自然に小さくなっているか確認しつつ調整します。

キー「-0.6」　　　　　　　　キー「-0.0」　　　　　　　　キー「0.6」

**3**

移動Yのパラメータを設定します。
回転デフォーマ「飛行船_移動Y」に、パラメータ「飛行船_移動Y」へキーを3点設定します。

キー「-1.0」は、中心から下に、キー「1.0」は中心より上に移動します。
このときにも、下の場合は拡大、上の場合は縮小させてもいいでしょう。
パラメータを結合させ、ぐるぐると動かしてみて、飛行船が綺麗に移動と拡大縮小できていたら完成です。

結合したパラメータ

1つのデフォーマに移動XとYの2つのパラメータを紐づけても良いのですが、移動範囲を変更したい場合や色調整が入ると管理がしにくいので個別に分けています。

## 4

オブジェクトの移動に伴って遠近感を意識した色調整を加えることで、さらにブラッシュアップしていきます。色変更したい対象に色変更用のデフォーマを作成し、移動Xのパラメータにキーを打っていきます。

「乗算色」や「スクリーン色」を使い、色変更を設定しました。
手前は暗め、中間部は光を受けて明るくなり、遠くにいくにつれ空気遠近法を意識して青白く変化させています。このような移動パラメータの設定をすることで、どのようなルートで飛行船を動かしても、遠近感を伴った自然な移動に近づけることが可能です。

デフォーマ作成

暗め

光を受けて明るく

青白く

## Tips 91

株式会社 yokaze（[X] @yokazeinc）

# 魚を泳がせるアニメーション

唐揚丸

背景イラストにおいて登場することが多い水槽や水中の魚を、できるだけ時短し、クオリティの高いアニメーションにするコツを紹介します。

［BLAST PROJECT サイバーシティのアジト］
https://www.youtube.com/watch?v=4njow-HhBDw

### Method1　モデリング

モデリングワークスペースでモデリングを行います。右図の背景に泳ぐ巨大水槽のアロワナを例に解説します。

**1**

右図の**アートメッシュ1枚でモデリング**します。パーツ分けがないことと、尾ひれの揺れの動きはアートメッシュを直接変形したいので、できるだけ細かくメッシュ割りをします。

1枚のアートメッシュ

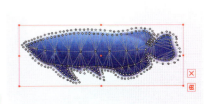

メッシュは細かく割る

### 2

パラメータは右図の5つです。「アロワナA移動X（X軸の動き）」「アロワナA移動Y（Y軸の動き）」「アロワナA角度（角度Z）」「アロワナAゆれ1」「アロワナAゆれ2」の5つのパラメータを作成しました。

### 3

アロワナのデフォーマ構成は、右図のようになります。角度Z、Y軸、X軸、揺れの順番に動きを付けていきます。

### 4

回転デフォーマでアロワナ本体の「アロワナA角度（角度Z）」の動きを付けます。

### 5

水槽全体を魚が移動できるように、Y軸とX軸の移動の動きを付けていきます。まずY軸（縦方向）の動きです。

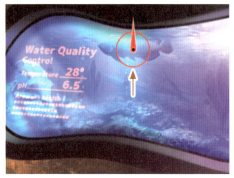 

続いて、X軸（横方向）の動きを付けます。

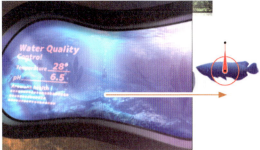

## 6

魚の揺れを作ります。「アロワナAゆれ1」は、デフォーマで**尾側の動きを大きく**付けます。

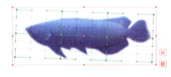
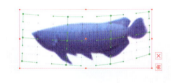

## 7

「アロワナAゆれ2」では、アートメッシュを直接変形させて、細かな尾ひれの動きを作ります。

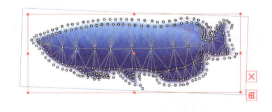
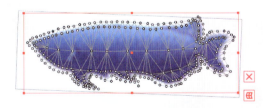

> **CHECK**
> 魚の変形に関しては、**実物の魚を観察することがとても参考になる**のでおすすめです。

## Method2　アニメーション

アニメーションワークスペースで作業します。今回のような魚のアニメーションでは、**順序よくキーを打っていく**ことで効率良くアニメーションを作ることができます。

### 1

基本的にドープシートではなく**グラフエディタ**を使って編集していきます。まずは「アロワナAゆれ1」のパラメータで一定間隔のカーブを作ります。これをコピーしていきます。

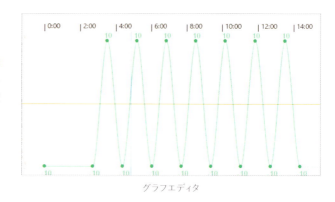

グラフエディタ

### 2

**1**でコピーしたグラフを、「アロワナAゆれ2」のタイムラインに貼り付けます。そして全体を右へ少しずらします。

この状態でアニメーションを再生すると、魚が移動せずその場で動くので、尾ひれの揺れ具合を見ながら、カーブの間隔や「アロワナAゆれ1」と「アロワナAゆれ2」のずれ具合を調整します。ずらすことにより、物理演算の振り子の2段目のように「アロワナAゆれ2」の遅延が簡易的に作れ、よりリアルに見せることができます。

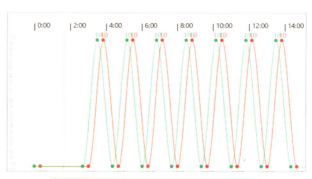

アロワナAゆれ1＝緑、アロワナAゆれ2＝赤

### 3

ここからは移動パラメータ（X軸、Y軸、角度Z）を動かしていきます。
まずは移動Xのパラメータに揺れとスピードの緩急を意識しながらキーを打っていきます。

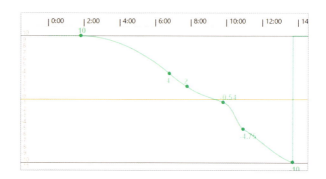

> **CHECK**
> 移動の緩急の付け方でクオリティが上がるので、ここでも実物の魚を観察するのが効果的です。

### 4

続いて移動Yのパラメータにキーを打って上下の移動を加えていきます。

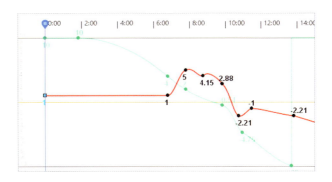

### 5

進行方向にアロワナの頭が向くように角度を付けます。XY座標や移動スピードが大きく変化する直前に角度を付けると、アロワナが意思をもって泳いでるように見せることができます。

### 6

最後に、もう一度揺れを移動に合うように2を調整します。細かくカーブを調整するとさらにクオリティが上がります。

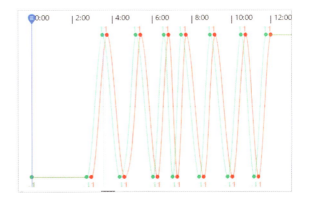

アートメッシュ1枚にパラメータ5つという工数を絞った作り方ではありますが、これだけでもリアルな魚の泳ぎが作れます。

Tips 92　　　　　　　　　　　　　　　　　　凪乃ましろ（[X] @Nagino_Mashiro）

# 魚群のアニメーション

唐揚丸

右は海中の設定で、窓外には魚が泳いでいます。

［白のシーサイドサンルーム］
https://www.youtube.com/watch?v=Lgp0MciN89Y

メインのマンタのほかに、小魚を多く動かす必要がありました。1匹ずつ動かせばクオリティが上がるのですが、遠景にあり、かつメインの魚ではないため、効率良くそれらしいモデリングとアニメーションの制作を行います。

## Method1　モデリング

作業はモデリングワークスペースで行います。右の魚群を例に解説していきます。原画の時点では**7匹で1レイヤー**となっています。原画制作では、1匹をコピー＆貼り付けと拡大縮小や角度を変えて配置しています。

214

### 1

1匹をメッシュ割りした後にそれを **コピー＆貼り付けしてそれぞれに形状を合わせていく**だけなので、魚の数が多くてもある程度短時間でのメッシュ割りが可能です。

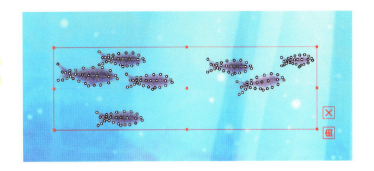

### 2

パラメータは5つにしました（ここでは数ある魚群のうちの「魚B4」で見ていきます）。基本的には［Tips 91］と同じ考え方ですが、今回の特徴として「ばらけ」というパラメータを追加しています。また、アートメッシュにパラメータ3つを直付けするので、ブレンドシェイプを併用しています。

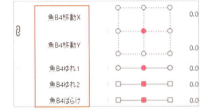

### 3

右図は、デフォーマ構成です。回転デフォーマを3つ作成しています。

### 4

移動XYについては［Tips 91］と同じように、見えている海の範囲をすべて移動できるようにXとYを設定します。

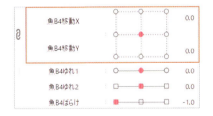

### 5

揺れを設定していきます。「魚B4ゆれ1」のパラメータに尾の上下の動きを付けます。実際このような**魚の尾は上下に動くというよりは横に揺らして泳ぐので、控えめ**に動きを付けます。すべての魚の尾の上下の動きを揃えるのではなく、**半数は逆になるように作り、ばらつきを出し**ます。

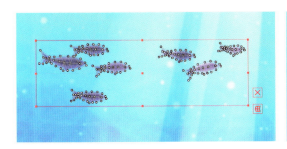
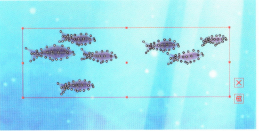

## 6

「魚B4ゆれ2」のパラメータは、尾の横揺れ（前後の動き）を設定します。**尾ひれが手前に倒れているように見えるように**、尾をつぶしつつ体長も若干縮めてみました。「魚B4ゆれ1」と組み合わせることで立体的な動きに見えるので、「魚B4ゆれ2」は「-1.0」の値も「1.0」の値も同じ形状でも良いでしょう。

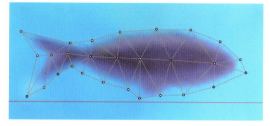

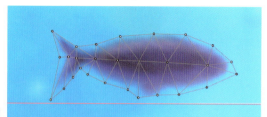

尾ひれが手前に倒れているような変形

**CHECK**

厳密にやるには尾が手前に倒れる場合はつぶしながら拡大、奥に行く場合はつぶしながら縮小するなど、パースを意識した変形を作ると、よりクオリティが上がります。

**POINT**

この時点で「魚B4ゆれ1」と「魚B4ゆれ2」にだけアニメーションを付け、再生を確認しながら微調整するのも良いでしょう。

## 7

魚の数をもっと増やしたいので、複製して位置調整デフォーマで斜め右下に配置します。

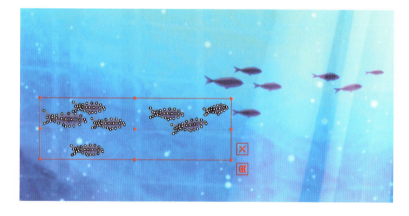

## 8

最後に、パラメータ「ばらけ」を付けていきます。
こちらは**魚群全体で、魚が広がったり集まったりする動き**となります。
魚1匹ごとにアートメッシュを囲んで選択し、移動させて作成します。

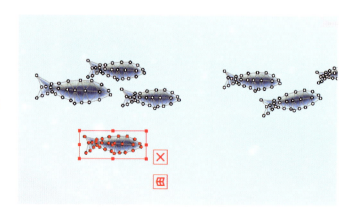

パラメータの値「0.0」に対して「-1.0」は、魚の間隔を詰めるように移動させ、「1.0」は全体に大きく広がるように変形しました。このときに、魚の移動距離や位置がバラバラになるように設定します。上下位置も変えたり、前の魚を追い越したり、大きく遅れをとるような魚を作るとランダムに見えるのでおすすめです。これは、1つのパラメータで、魚それぞれの泳ぐスピードが異なるように見せるテクニックになります。

## Method2 アニメーション

アニメーションワークスペースで動きを付けていきます。

### 1

揺れと移動のXYについては、[Tips 91]と同じように制作していきます。
移動XYは魚の移動ルートと緩急を意識しながら動きを付けていきます。

「魚B4 ゆれ1」「魚B4 ゆれ2」

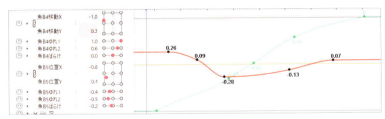

「魚B4 移動X」「魚B4 移動Y」

### 2

「ばらけ」のパラメータを移動に合わせて調整します。移動スピードが弱まるときに魚の距離が一旦縮まり、移動中に魚の距離が広がるように設定しています。こうすることで個体数の多い魚群でも、ある程度ランダム性を持たせることが可能です。

「魚B4 ばらけ」

Tips 93

# 植物の揺れモデリング

共同制作［窓外制作］：Kstudio かわにな（[X] @kawanina0218）

唐揚丸

背景の観葉植物を使って、**2段揺れ**で作る植物のモデリングの一例を紹介します。
植物が多くある背景の場合、2段揺れに絞り、**少ない手順でそれらしく見せていく**ことが効果的です。

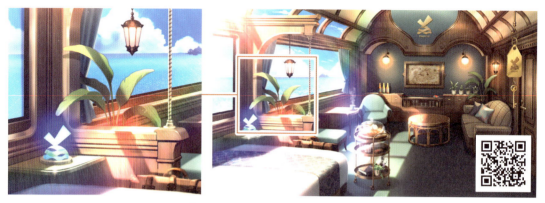

［Vとぴ寝台特急］ https://www.youtube.com/watch?v=jBRSeivKJXo

### 1

観葉植物は葉を1本1本バラバラに動かすため、それぞれ別パーツにしました。アートメッシュを直接変形するのにできるだけ**細かくメッシュ割り**しました。
壁に隠れる部分については別途マスクを掛けます。

## 2

「葉A1_ゆれ1」と「葉A1_ゆれ2」のパラメータを作成します。

今回の場合、葉の根元が見えないので、回転デフォーマで大きな左右揺れをパラメータ「葉A1_ゆれ1」に付けていきます。このとき、回転デフォーマの位置は、**鉢植えの位置を想定して葉の根元がありそうな位置に設置**するのがポイントです。

POINT
根元が見えている場合はワープデフォーマで作るのが丁寧に作成できます。

## 3

ワープデフォーマを作成し、葉全体の大きい揺れの変形を作成します。これもパラメータ「葉A1_ゆれ1」にキーを打ちます。

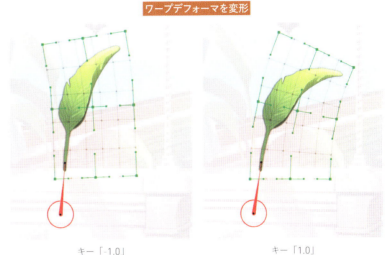

キー「-1.0」　　　　キー「1.0」

次に、アートメッシュを直接変形してパラメータ「葉A1_ゆれ2」を作ります。

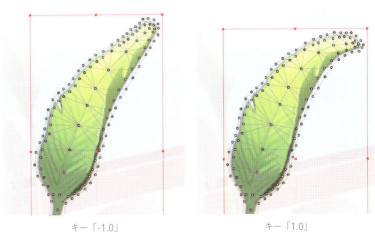

キー「-1.0」　　　　キー「1.0」

葉の先端の揺れの変形を作ります。
続いて葉の全体も変形させていきますが、このときにパースとゆがみを意識した変形を加えて植物らしさを演出します。
今回は、-1.0のときに葉の幅を広げ手前に葉の水平面が見えてくるように、1.0のときには葉の幅を狭めています。このとき正確に変形させるより、わずかなへこみやふくらみを作ると、動かしたときに葉の立体感とひらひらとした有機的な動きになります。

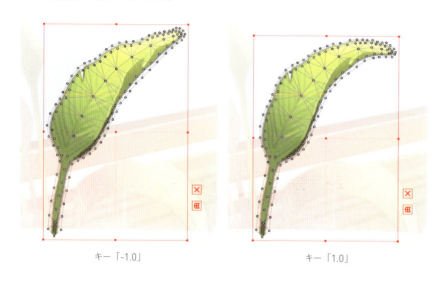

キー「-1.0」　　　　　　　　　　キー「1.0」

右の葉の場合の変形です。
**葉裏まで見える場合は、メッシュを細かく割っておくことで立体感ある変形が可能**です。
物理演算設定ダイアログで揺れを確認しつつ変形度合いを調整して完成です。

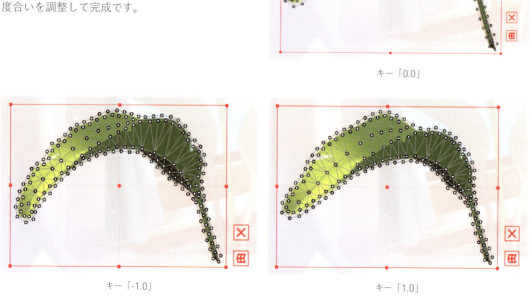

キー「0.0」

キー「-1.0」　　　　　　　　　　キー「1.0」

## Tips 94

にじさんじ 不破湊（[X] @Fuwa_Minato）

# 雷の表現

唐揚丸

天候差分の雷を表現する方法を紹介します。モデリング自体は単純ですが、**雷以外にも光のパーツを複数用意**し、複数のパラメータを組み合わせてアニメーションを作ることで、雷雨の雰囲気をより演出できます。

［No.1 のペントハウス］
https://www.youtube.com/watch?v=YvXeedbldDs

## Method1　モデリング

モデリングワークスペースでの雷のモデリングは、**1 パーツ**で行います。

### 1

雷のパーツ自体は、インスペクタパレットのブレンド方式を「加算」にして作成します。

インスペクタパレット

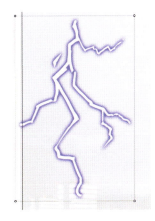

### 2

フチをぼかした長方形のマスク用画像で、雷全体を覆います。マスク用画像を雷のアートメッシュにクリッピングし、[マスクを反転]にチェックを入れます。マスク用画像の不透明度を「0％」にします。

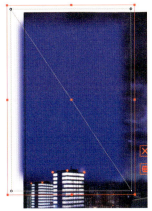

雷のインスペクタパレット

マスクのインスペクタパレット

221

3

雷の落下用パラメータを「0.0」〜「1.0」で作成し、マスク用画像の「0.0」「0.9」「1.0」の3点にキーを打ちます。「0.0」のキーのときに、雷が完全に消えるよう、マスク用画像を縮小します。これで、パラメータ「0.0」から「0.9」にかけて、雷が落下するのを簡易的に表現できます。

パラメータ「0.0」

パラメータ「0.5」

パラメータ「0.9」

4

落下させた後は一気に雷を消したいので、雷のアートメッシュに、パラメータ「0.9」から「1.0」にかけて不透明度「100%」→「0%」となるようにキーを打って完成です。

パラメータ「0.9」　　　　　パラメータ「1.0」

このような雷を複数作成します。手前は大きく、後方は小さくして、遠近感を出します。

222

## Method2　雷のクオリティを上げるパーツを作る

雷の天候表現のクオリティを上げるためのパーツをいくつか紹介します。

### 1

雷の発生する場所に雲の発光素材を作成し、「0,1」の値で雲発光を ON ／ OFF するパラメータを作成します。
アニメーションで、雷の落下と雲発光のタイミングをずらしたいので、雷とは別にパラメータを作成します。

雷の前に発光させる

### 2

空全体を明るくするための、ブレンド方式の「加算」の素材を用意し、雲全体発光のパラメータを作ります。
「雲全体発光 1」と「雲全体発光 2」を作成し、重ねて、ON にしたときに、より発光度が強まるようにしました。

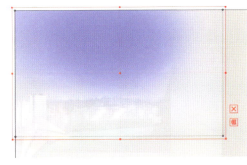

### 3

[Method1]で作成した雷と、1、2で作成した雲を組み合わせると、右図のような雰囲気になります。

**CHECK**

さらに変化を出したいときは、右図のように横に走る雷パーツを作るのもおすすめです。

## Method3　アニメーション

アニメーションワークスペースで雷のアニメーションを作っていきます。

### 1

最終的なパラメータ構成は右図のようになりました。これらのパラメータを使ってアニメーションを作っていきます。

### 2

最初に、雷が落下するポイントをいくつか作ってから、雲の発光や全体発光を付けていくとスムーズに作成できます。

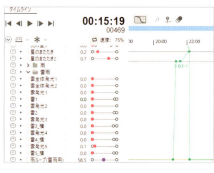

**3**

雷に合わせて光る雲と、雷が落ちなくても雲が光るポイントを細かく作っていきます。

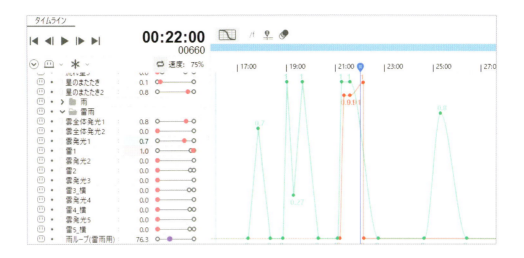

**4**

さらに雲の発光に合わせて、空全体の発光を付けていきます。雷が落ちるタイミングでは空が一番明るくなるように、「雲全体発光1」と「雲全体発光2」のパラメータの両方を使っています。

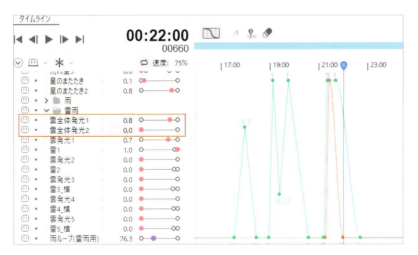

雷が落ちる前

雷が落ちる直前

枢崎ティナ（[X] @coffin_t1na）

## Method4　室内の発光を作る

[Method1]～[Method3]の背景にはありませんが、場合によっては**落雷に合わせて室内も一部を発光させる**と、雷雨の雰囲気をさらに演出できます。ここでは室内も発光させた例を紹介します。

［悪戯ダンピールのゴシックルーム］
https://www.youtube.com/watch?v=_Q_wi3KLzq8

### 1

この背景では図のように雷を入れ、雷が最大で光ったときには白飛びするくらい窓の外を明るくしています。

### 2

雷の発光に合わせて、室内も明るくなるようにします。発光用の素材を窓側に複数重ねたり、室内全体の色味を調整します。イラストの雰囲気に合わせてさまざまな効果を試してみましょう。

にじさんじ 不破湊([X] @Fuwa_Minato)

# 画面遷移するモニターを作る

唐揚丸

下の作品内のモニターには、簡単なアイコンアクションやトランジション的な映像が、60 秒の中で絶えず動いているようなアニメーションを作りました。

[No.1 のペントハウス]
https://www.youtube.com/watch?v=YvXeedbIdDs

## 1

作画の段階では実際のモニター位置ではなく、**すべてのパーツを正面の状態で制作**します。
モニター関連のすべてのパーツの親にパース変形用のデフォーマを作成します。
パース変形用のパラメータを「0.0」〜「1.0」で作成し、キーを2点打ちます。

**2**

パラメータが 1.0 になったときに背景の正しい位置に収まるよう変形します。右図のように配置しました。
その後キー 0.0 の正面に戻してから、モニター映像用のモデリングを行っていきます。

斜めに配置されたモニター内のアニメーションを編集する際、パースがかかった状態でさまざまな動きを編集するのは大変です。パース変形用のパラメータを作成したのち、正面の状態で編集すると簡単にいろいろな表現を作成できます。

## Tips 96
# 背景アニメーションにおける アニメーションベイクのコツ

枢崎ティナ（[X] @coffin_t1na）

唐揚丸

物理演算で設定した揺れなどの動きは、「アニメーションベイク」を実行することによりタイムライン上にキーフレームとして即座に反映できます。

背景の場合、入力に該当するパラメータが目に見えるものではない場合が多く（風や空気の流れなど）、作成には少々コツや手順があります。ここで紹介する背景の場合、ペンダントライト4台、シャンデリア2台、吊飾り8本となっており、吊り物の数が多く、またそれぞれ2段揺れ以上のパラメータで作成しています。こういった内容の場合はアニメーションベイクを使い、一括で揺れを適用すると効率が良くなります。

［悪戯ダンピールのゴシックルーム］
https://www.youtube.com/watch?v=_Q_wi3KLzq8

### POINT

キャラクターモデルの場合は、X軸、Y軸などの頭や体の動きをキーフレームに付けた後「アニメーションベイク」を実行すると、体の動き関連のパラメータを入力に持つ物理演算が設定されたパラメータが自動入力される機能です。自動入力してくれるため簡単に思えますが、アニメーションベイクを使用して簡単に物理演算結果をタイムラインに適用できても、その後の微調整（物理演算もアニメーションも）にかなり時間がかかる場合があります。そのため、手打ちでアニメーションを作るのとどちらが良いかは、モデリングの習熟度や背景の内容、どういった動きにしたいかだったり、モデラーの好みにもよるでしょう。

## Method1　物理演算設定

ひと通りモデリングが終了したら、物理演算画面で揺れものを動かしながら物理演算の設定をしていきます。

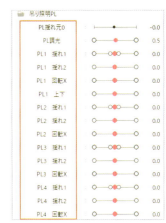

### 1

入力用のための空のパラメータが必要になります。右図はペンダントライトのパラメーター覧です。入力用のための空のパラメータ、「PL 揺れ元0」を「-1.0」〜「0.0」〜「1.0」の値で作成しました。このキーは何も打ちませんが、物理演算設定およびアニメーションベイクで使用します。

空のパラメータ

## 2

［モデリング］メニュー→［物理演算設定］を開き、物理演算設定ダイアログの［プレビュー］メニュー→［カーソル追従の設定］を選択します。

物理演算設定ダイアログ

## 3

カーソル追従の設定ダイアログから「PL揺れ元0」の［種別］を選択し、［マウス左X］を設定します。
これにより、「PL揺れ元0」を物理演算の入力に設定した揺れものは、**マウス左のドラッグにより揺らすことが可能**です。

カーソル追従の設定ダイアログ

## 4

ここから物理演算を付けていきます。ペンダントライト4台すべて同じ数値にするのではなく、自然にばらつきが出るように設定します。
ばらつきを出すために筆者がよく行う調整は、基準となる照明の物理演算の中から**［揺れやすさ］［収束の早さ］はほぼ変えずに、［長さ］と［反応速度］に絞って微調整する**という方法です（いろいろ設定を変えると重みの雰囲気が変わったり、調整が難しくなるので）。
すべての揺れものの物理演算を設定して完了です。

物理演算設定

## Method2  アニメーションベイクの事前準備

アニメーションベイクの入力のためのキーを作っていきます。アニメーションワークスペースで作業します。

### 1

編集モードは［グラフエディタ］を使用します。揺れを確認するための仮パラメータとして「PL1 揺れ1」にキーを打っていきます。

**POINT**

入力の「PL 揺れ元 0」にいきなりキーを打たないのがポイントです。なぜなら空のパラメータで動くものがないので、揺れものの揺れ度合いやスピードを視覚的に確認しにくいためです。

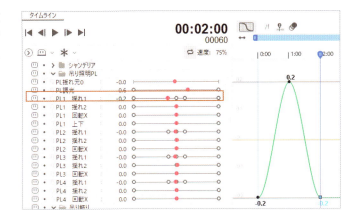

基準となる同速の揺れのキーフレームを作っていきます。右図のように「-0.2」と「0.2」の値のカーブをひと山作った後、コピー＆貼り付けで同じカーブを時間いっぱい分作ります。

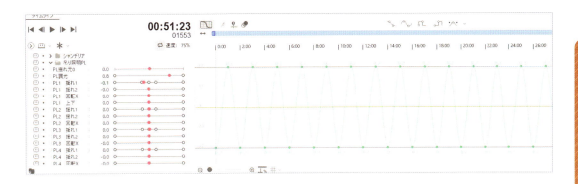

### 2

ここまできたら一度再生してみます。「PL1 揺れ1」のオブジェクトが揺れるので、その速度を見ながらカーブの幅や数値を調整していきます。

CTRL+Aキーで全選択すると、バウンディングボックスが表示されます。

バウンディングボックスの右端を左右にドラッグすることで、カーブの幅を狭めたり、広げたりして素早く調整ができます。

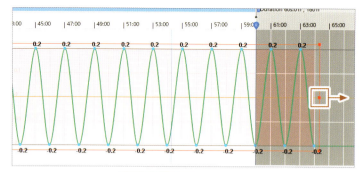

### 3

バウンディングボックスの中央上下どちらかをALTキーを押しながらドラッグすると、**中心を保ったままカーブを上下に縮小**することができます。

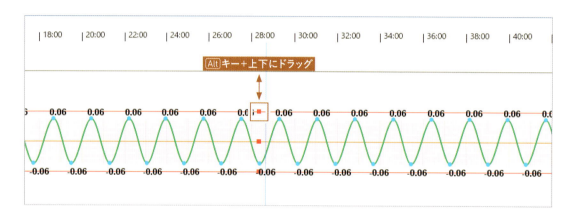

### 4

基本となるカーブができたら、一部を小さくしたり大きくしたりしながら揺れの強弱を付けていきます。アニメーションを再生させ、実際の揺れを確認しながら進めます。

今回は、わずかな揺れから途中で大きな揺れをポイントで付けたかったので、下図のようなキーフレームにしました。

アニメーションベイクを実行してから、さらに微調整していくので、この段階では大まかで構いません。

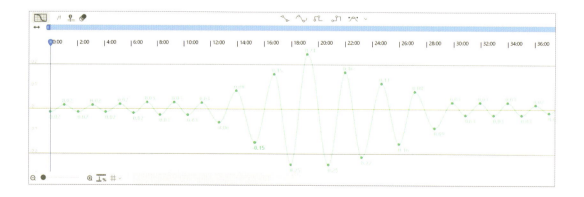

## Method3　アニメーションベイクの設定

アニメーションベイクを設定していきます。

### 1

[Method2] で制作した「PL1 揺れ1」のキーフレームを全選択します。次に「PL 揺れ元0」のパラメータを選択し、インジケーターをトラックの先頭に合わせた状態で貼り付けします。
これで「PL1 揺れ1」と同じキーフレームが「PL 揺れ元0」に設定されました。

### 2

ここからアニメーションベイクを行います。[アニメーション]メニュー→[トラック]→[物理演算のアニメーションベイク]を選択します。

### 3

物理演算のアニメーションベイク設定ダイアログが表示されるので、アニメーションベイクを適用したいパラメータにチェックを入れて、[OK]をクリックします。これで、すべてのペンダントライトに物理演算が適用されました。

**POINT**

アニメーションを再生して動きを確認し、イメージと違う場合は、「PL 揺れ元0」のキーフレームを調整したり、物理演算数値を調整し、再度アニメーションベイクを実行しましょう。

物理演算のアニメーションベイク設定ダイアログ

## Method4　手打ちでの微調整

アニメーションベイクを短時間で理想的な結果にするのが難しい場合は、ある程度設定の反映ができた段階で、手動での微調整に移行するのが良いでしょう。たとえば、揺れが小さく（もしくは大きく）なりすぎた部分は、手動で大きく（もしくは小さく）なるように調整したり、ベジェハンドルを使用しタメツメ（動きの緩急）を作るのも効果的です。

また、この方法のアニメーションベイクでは物理演算で作成したばらつきが思ったほど反映できない傾向があります。解決法としては、たとえばペンダントライト2と3の揺れのタイミングをずらしたいとき、ペンダントライト3の「PL 揺れ1」と「PL 揺れ2」のタイムラインを全選択し、バウンディングボックスを左右に少し動かします。これで、ずれを作り出すことができます。

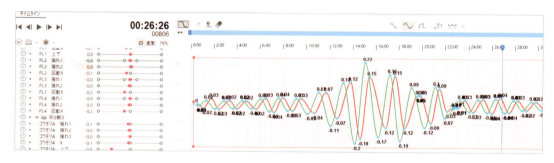

手動での微調整後にアニメーションベイクを実行すると、上書きされてしまうので注意してください。

## Method5　その他のアニメーションベイク（スイッチ方式）

簡単にアニメーションベイクを設定する方法として、「PL 揺れ元0」の「0.0」〜「1.0」の値だけを使い、スイッチ的に物理演算を適用するというものがあります。
波形は、右図のような形になります。物理演算画面でマウスで揺らしたときの動きに近い結果が得られます。

簡単に設定でき、物理演算で作った揺れやばらつき、収束が綺麗に出やすいというメリットがあるのですが、いくつか注意点もあります。

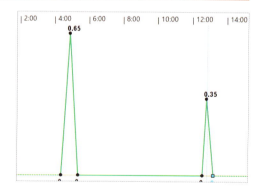

・揺れはじめに不自然な力がかかったように見えやすい。
・揺れの収束が終わる前にまたスイッチがかかった場合、うまく物理演算を反映できない場合がある。
・上記2点のため、揺れ始めの調整やつなぎの調整に時間がかかる（揺れものが多いほど調整が増える）。

筆者としては、吊り物を揺らすときに完全な静止状態（静止状態がノイズになる）をあまり作りたくないのと、揺れ始めを綺麗にしたいので、［Method1］〜［Method4］のような方法で作成するのですが、スイッチ方式も手動調整と組み合わせるとリアルな揺れが再現できる場合があります。どちらも使い所やどんな揺れにしたいか次第なので、方法の1つとして参考にしてください。

Tips 97　　　　　　　　　　　　　　　凪乃ましろ（[X] @Nagino_Mashiro）

# 背景差分の効率的な作り方と差し替え

唐揚丸

Live2D Cubism Editor は、psd ファイル内のレイヤー名と構成が同じなら、異なる psd データであってもそのまま**差し替えが可能**です。それを利用した背景差分のモデルデータ作成と、アニメーションの差し替え方法を紹介します。

## Method1　モデルデータの差し替え

右図の昼のモデルデータから、夕方を作っていきます。

［白のシーサイドサンルーム］
https://www.youtube.com/watch?v=LgpOMciN89Y

### 1

右図は Photoshop 上で見たレイヤー構成です。昼と夕方の psd ファイルでは、同じパーツはすべて同じレイヤーやフォルダ名で構成も変えずに作成してあります（色のみが違う状態。追加パーツがある場合は新規のアートメッシュとして追加されるので問題なし）。

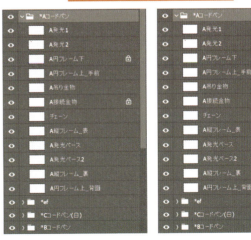

レイヤー名、フォルダ名、構成が同じ

昼のレイヤー構成　　夕方のレイヤー構成

**POINT**

基本的には、昼のモデリングと、アニメーション作成がすべて完了した後、差分のモデルデータ作成を行っていきます。

**2**

「白のシーサイドサンルーム＿昼.cmo3」を複製して、名称を「白のシーサイドサンルーム＿夕方（ピンク）.cmo3」に変更し、複製したデータを開きます。そして夕方のpsdファイルを、モデルデータを開いているLive2D Cubism Editor上にドラッグ＆ドロップします。すると、モデル設定ダイアログが表示されるので、psdファイルを取り込むモデル「白のシーサイドサンルーム＿夕方（ピンク）」を選択します。

モデル設定ダイアログ

**3**

再インポート設定ダイアログが表示されるので、差し替える既存のpsdファイル「白のシーサイドサンルーム＿昼＿取り込み用.psd」を選択します。

再インポート設定ダイアログ

**4**

これでモデル上のpsdが昼から夕方に置き換わりました。夕方用に合わせたモデリングの微調整や追加パーツのモデリングを行い、夕方のモデルデータの完成です。ここでは主に、照明器具や自然光などの光素材を夕方色に合うよう色変更を行い、追加パーツである太陽や海に反射する光のゆらぎなどを追加でモデリングしています。

**CHECK**

このとき、昼にはないパーツが夕方のpsdファイルにある場合、パーツの一番上層に取り込まれるので、正しいレイヤー階層に移動してください。

夕方のモデルデータ

## Method2　アニメーションの差し替え

モデルデータに続いて、アニメーションデータの差し替えも行います。

### 1

アニメーションワークスペースのシーンパレットから、ひと通りアニメーションが完成している昼のシーンを選択し複製、名称を夕方に変更します。

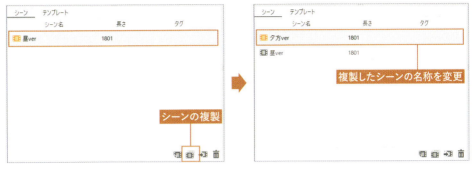

シーンパレット

### 2

シーン「夕方」を選択した状態で、タイムライン上のモデルデータを選択します。

タイムラインパレット

### 3

[アニメーション] メニュー→［素材］→［選択モデルの素材を差し替え］を選択し、夕方のモデルデータ（cmo3）を読み込みます。
こうすることで、すでに作成したアニメーション内容はそのままに、モデルデータを変更することが可能です。

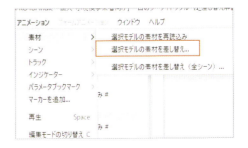

差し替え前にはないパラメータが差し替え後のデータにある場合は、差し替え後にアニメーションを作っていきます。

### 4

このようにシーンを複製し、モデルデータを差し替えていくことで、1つのアニメーションファイルで複数の差分を管理することが可能です。

動画を書き出す際は、[全シーンを出力]にチェックを入れておくと、すべての差分動画を一気に書き出すこともできます。
この方法でたくさんの差分を制作しました。

動画出力設定ダイアログ

夕方（ピンク）

夕方（オレンジ）

夜

消灯

海中

荒波

238

# Tips 98

陸稲おこめ｜HoloDesign.（[X] @rikuto_okome）

## 簡単な手付けアニメーション

唐揚丸

吊り物のアニメーションにおいて、アニメーションベイクを使わずに作れる手付けアニメーションの手順を紹介します。**2段揺れ程度までの**動かす**パラメータが少ない場合に有効**です。時短ができて、初心者でも作りやすい単純なアニメーション作成方法の1つです。下図の背景のコードペンダントライトの2段階揺れで解説します。

コードペンダントライト

[610bit 商店] https://www.youtube.com/watch?v=Ci7svUA-f0A

### Method1　デフォーマ、パラメータ構成の確認

はじめに、デフォーマとパラメータ構成を確認します。
「CP揺れ元0」は物理演算の入力に設定するパラメータです。「CP_LC」は調光用パラメータです（LCは、ライトコントロールの略）。

デフォーマ構成

パラメータ構成

**POINT**

アニメーションを手付けするとはいえ、変形形状の確認や揺れ方の参考にするため、筆者は必ず物理演算も設定するようにしています。揺れ物の物理演算については、[Tips 96] のアニメーションベイクを参照してください。

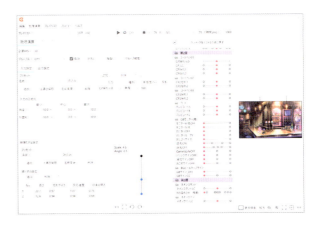

## Method2 アニメーション、基本の波形を作る

基本となる一定速度、一定幅の揺れのキーフレームを作っていきます。基本の波形を作った後に強弱を付けていくので、長尺のアニメーションでも比較的素早く作ることができます。わずかでも常に揺らしていたいオブジェクトにとくにおすすめです。感覚でいきなり作っていくより調整がしやすく、効率よくできます。

### 1

アニメーションワークスペースのタイムラインパレットを、[グラフエディタ]にして作業をしていきます。まずは「CP 揺れ 1」のパラメータを選択し、グラフエディタにキーを打っていきます。
0秒地点に「-1.0」、1秒地点に「1.0」、2秒地点に「-1.0」を打ち、左右に均等な揺れを作ります。

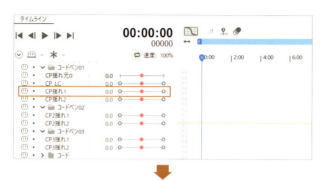

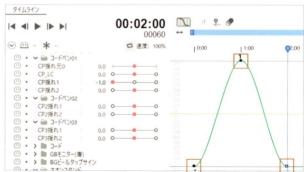

### 2

1で作成したグラフを CTRL + A キーで全選択すると、バウンディングボックスが表示されます。これをコピーし、インジケーターが最後のキーフレーム上（2秒地点）にある状態で貼り付けます。
キーフレームの波が複製されたら、さらに全選択、コピー、貼り付けを繰り返してこの一定幅の波を再生時間いっぱい作ります。

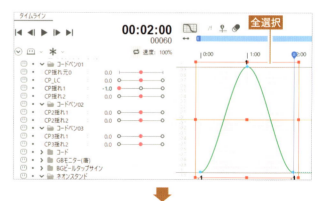

**POINT**
ここで一旦アニメーションを再生してみます。「CP 揺れ 1」のオブジェクトが揺れるので、その速度を見ながらカーブの幅や数値を調整していきます。

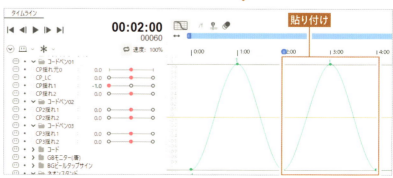

### 3

CTRL+Aキーで全選択したバウンディングボックスの右端を左右にドラッグすると、キーフレームの波を伸ばしたり縮めたりできます。伸ばせばオブジェクトの揺れはゆっくりに、縮めれば揺れが速くなります。

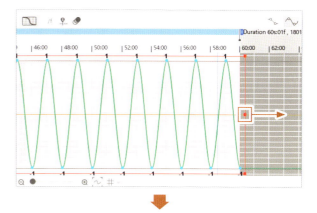

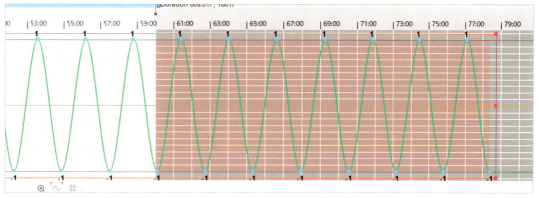

### 4

縦方向にも拡大縮小することができます。選択したバウンディングボックスの中央部の上下どちらかをALTキーを押しながらドラッグすると、中心を保ったままカーブを上下に縮小できます。アニメーションを再生して、揺れ幅やスピードを確認してベースとなるキーフレームは完成です。

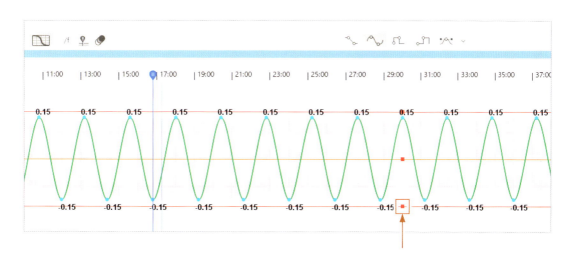

## Method3　揺れのアニメーションの強弱を作る

揺れの強弱を付けていきます。

### 1

基本的にはかすかに揺れる程度ですが、60秒のうち1～2回誇張した大きな揺れを作ることにしました。
バウンディングボックスを拡大縮小しながら、徐々に大きく、もしくは徐々に小さくなる波を作っていきます。

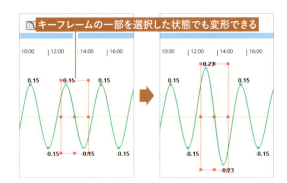

### 2

キーを1つずつ操作しながら微調整を行います。最終的に下図のようになりました。再生して揺れの強弱具合を確認したら次の工程へと進みます。

## Method4　2段階目の揺れのアニメーションを作る

1段階目の揺れを利用して、2段階目の揺れのアニメーションを作っていきます。

### 1

［Method3］で作成した「CP揺れ1」のタイムラインのグラフを全選択し、コピーします。

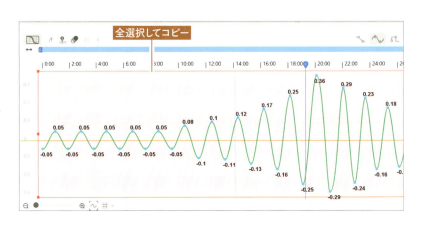

**2**

パラメータ「CP揺れ2」を選択し、インジケーターがトラックの先頭にある状態で、**1**でコピーしたグラフを貼り付けます。

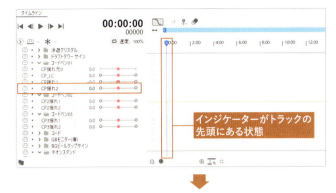

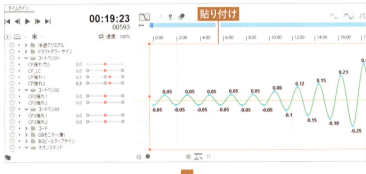

貼り付けたら、再度全選択し、十字キーを使って右にずらしていきます。

**3**

パラメータ「CP揺れ1」「CP揺れ2」を両方選択すると、下図のように両方のキーフレームが重ねられて表示されます。「CP揺れ1」に対して「CP揺れ2」の揺れに遅延ができたことがわかります。

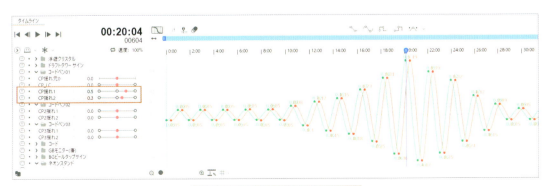

「CP揺れ1」=緑、「CP揺れ2」=赤

**4**

アニメーションを再生して、揺れを確認します。視覚的にわかりづらい場合もあるので、綺麗な遅延ができているかの確認の目安を紹介します。タイムライン上のパラメータ「CP揺れ1」「CP揺れ2」を結合表示、アニメーションを再生して赤い点がどのように動くか確認します。

「CP揺れ1」「CP揺れ2」のキーフレームの波がぴったり重なっているときは **A** のように直線的に動きます。
適度な遅延を作ると、**B** のような楕円の動きになります。
遅延が少なすぎる場合、**C** のような平たい楕円になります。

## Method5　最終調整

最後にクオリティを上げるための微調整を行います。個々の揺れの大きさや、速度を調整します。

**1**

揺れが大きすぎる（もしくは、小さすぎる）と感じたら、パラメータを2種表示させて両方のグラフを選択して、一気に拡大縮小して調整します。

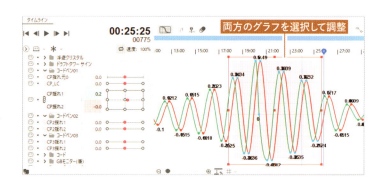

**2**

さらに、個々のグラフも調整します。最終的に今回は下図のように調整しました。アニメーションとしては、[Tips 99]のループ処理をして完了となります。

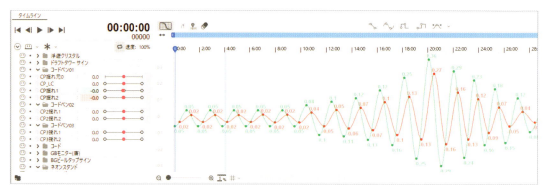

もっとクオリティを上げてリアルな揺れや大きな揺れを作りたい場合は、ベジェハンドルを使用して、細かなタメツメ（動きの緩急）を作るのも効果的です。ベジェハンドルで編集したい場合は、グラフエディタでカーブを選択した状態でキーフレーム補間法を[ベジェ]にします。

# Tips 99

# ループアニメーション処理のコツ

唐揚丸

ここでは［Tips 98］のような揺れアニメーションを作った後のループ処理の方法を紹介します。

## 1

アニメーションを綺麗なループにするには、**始点と終点のパラメータ数値が同じであり、なおかつカーブのピッチや角度が揃うように調整**する必要があります。
動画のはじまりと終わりに大きな波を持ってきた場合を例に解説します。揺れ1の始点がカーブの頂点(-0.5)で始まっているので、これを基準に全体を微調整します。

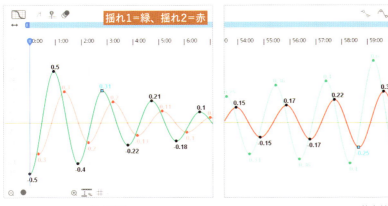
始点付近

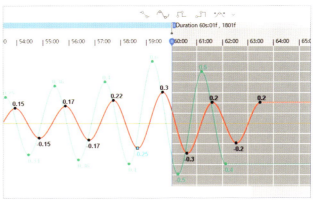
終点付近

## 2

タイムライン末尾のほうは、尺を超えてキーフレームを打っておくとやりやすくなります。
終点を越えたあたりに始点と同じパラメータ値 -0.5 を作ったので、これを終点に揃えます。揺れ 1 と揺れ 2 を両方選択した状態でバウンディングボックスを縮小し、-0.5 が終点に合うように調整します。
これで、揺れ 1 に関してはループ処理が完了した状態です。

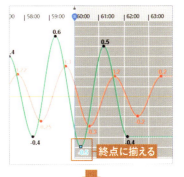

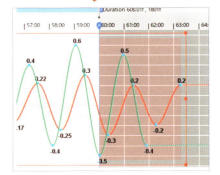

多段揺れの場合は、すべての関連パラメータを選択した状態で、キーフレームを全選択します。

### 3

続いて揺れ2のループ処理を行っていきます。現状のままだと、動画の始点と終点のパラメータ値が異なるので、動画をループ再生した場合にそのつなぎ目で不自然なカクつきや動きの飛びが生じます。この処理をすることで、シームレスなアニメーションを作ることができます。

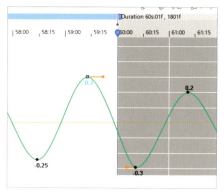

単体表示にした、揺れ2のパラメータ

### 4

ここで終点にキーを打ちます。このグラフエディタ上で終点に合わせて[CTRL]キー+クリックするとキーが打てますが、若干軌道上から逸れる場合があります。正確にキーを打つには、一旦編集モードを **[ドープシート] に戻します**。

ドープシートに戻したタイムライン

### 5

インジケーターを終点に合わせた状態で[CTRL]キー+クリックすると、現状のパラメータ数値を打つことができます。

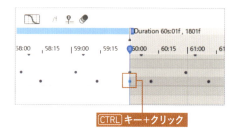

### 6

**[グラフエディタ] に戻し**、キーが挿入されているのを確認します。このとき、カーブが若干変わっている可能性があるので、その場合はベジェハンドルを使用して微調整します。

**POINT**

もっとクオリティを上げてリアルな揺れや大きな揺れを作りたい場合は、ベジェハンドルを使用して、細かなタメツメ（動きの緩急）を作るのも効果的です。

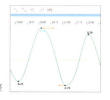

ベジェハンドルでの調整

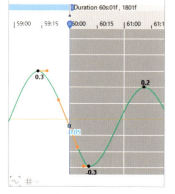

グラフエディタに戻したタイムライン

**7**

終点とそれ以降のキーフレームを選択し、これをコピーします。

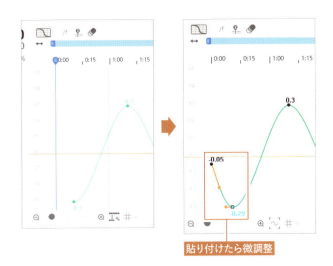

**8**

タイムラインの始点に移動し、**7**でコピーしたキーフレームを貼り付けします。
ベジェハンドルでの微調整や、始点以降のキーの数値を微調整します。これでループ処理の完了です。

このままだとループ再生したときにわずかにカクッと止まる動きになってしまいます（キーフレームが小さな動きの場合はわかりづらいですが、大きな動きのときは顕著になります）。
それを解消するため、**書き出しの際は終点を1フレーム削って書き出す**と、なめらかなループアニメーションが完成します。

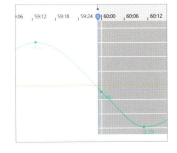

# 基準値のキーを一括で打つ

唐揚丸

アニメーションワークスペースの**ドープシートでは、該当部分を CTRL キー＋クリックすることで複数のパラメータの基準値のキーを一括で挿入**できます。
複数パラメータの適用範囲は下記の3つです。

### ●トラックバー

トラックのバー（青い部分）を CTRL キー＋クリックすると、トラックに含まれるすべての要素に一括でキーが挿入できます。

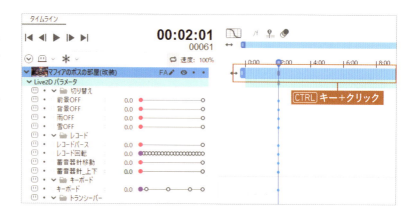

### ●プロパティグループ

プロパティグループのバー（水色の部分）を CTRL キー＋クリックすると、パラメータ、パーツ表示、配置＆不透明度などのグループごとに一括でキーが挿入できます。

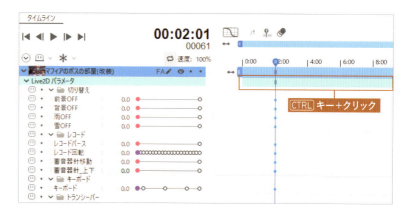

### ●パラメータグループ

パラメータグループのバー（グレーの部分）を CTRL キー＋クリックすると、パラメータグループごとに一括でキーが挿入できます。0フレーム目に一括でキーを挿入したいときなどにおすすめです。

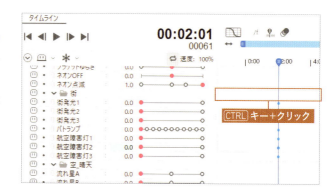

該当のバーを右クリック→［キーフレームを挿入］で、キーがすでに設定されている場合も影響なく挿入することができます。

## Tips 101

# 動く背景における
# トラッキングソフト活用

唐揚丸

配信用背景において、VTube Studio や nizima LIVE の**トラッキングソフトへの読み込みを前提として制作**することもできます。ユーザー側で一部の操作ができることや、トラッキングソフトへの組み込みならではのメリット、表現方法など、いくつかの作品を例に紹介します。

星影ラピス（[X] @HoshikageLapis）　使い魔メァ　キャラクターデザイン：nokoyama（[X] @nokoyama_en）
ラピエナガ　キャラクターデザイン：はなのすみれ（[X] @hananosumire）

### Method1　キーバインドによるパーツの ON ／ OFF やアニメーション再生

右の背景では、依頼者の要望に合わせて、各パーツやライトの ON ／ OFF などのさまざまな**キーバインド**（P.250）**を設定**しました。

**POINT**

トラッキングソフトへ組み込む場合は、アニメーション制作時のターゲットバージョンを[SDK（Unity）]にします。

[星降る夜のプラネタリウム]
https://www.youtube.com/watch?v=yLK0XL7cG10

### 1

ON ／ OFF の切り替えは、右図のようなパラメータを設定して行います。

各パーツの表示 OFF

消灯

床発光 ON

## 2

星座の点つなぎアニメーションの再生を 12 星座分実装しています。星占いの配信時に、星座を切り替えられるようにしたいという要望を受けて作成しました。トラッキングソフトだからこそ可能な仕様になります。

## Method2　キーバインドによるさまざまな動き

右のグランピングの背景では、キーバインドによる消灯やバーベキューのアニメーションを設定しています。

> **CHECK**
> キーバインドとは、キーボード操作による動きの切り替え機能のことです。

［湖畔のバーチャルグランピング］
https://www.youtube.com/watch?v=D2k3DaBX4NA

## 1

［Tips 84］で解説した消灯の差分をキーバインドで切り替えることができるようにしています。

ライト ON

消灯

## 2

背景を使用する配信者の手前にさらに重ねるパーツも Live2D モデルとして制作しました。キーバインドにより食材を選んでバーベキューコンロに置くことができ、焼きアニメーションを再生することで食材が焼きあがるように設定しています。

バーベキューコンロと食材

食材焼く前

食材をコンロに移動

食材を焼いた後

## Method3　ユーザー側でできる色変更

VTube Studio のようなトラッキングソフトには、1つのアートメッシュを選択し、「乗算色」や「スクリーン色」で色を変更する機能が実装されているものもあります。グランピングの背景は汎用販売素材として、購入者が一部のアートメッシュに限りカラーをカスタマイズできるパーツ構成にしています。テントや家具は色変更を前提に白系統で細かくパーツ分けしており、カラーコーディネートできます。

 POINT

ユーザー側で色変更可能なアートメッシュがわかるように、対象のアートメッシュの［ID］をすべて命名しています。今回はパーツ名と、わかりやすさのため「OK」という文字を入れており、「OK」と記載のあるアートメッシュは色変更可能であることを利用規約に明記しています。

星影ラピス（[X] @HoshikageLapis）　使い魔メア　キャラクターデザイン：nokoyama（[X] @nokoyama_en）
ラピエナガ　キャラクターデザイン：はなのすみれ（[X] @hananosumire）

## Method4　長時間の待機モーションを使った効果

筆者は通常、動画での納品の際はアニメーションの再生時間を60秒にしています。しかし、60秒で1ループするパラメータがある場合、60秒間の再生では動きが早くなりすぎてしまいます。たとえば、雲の動きなどは、見える範囲にもよりますが、1分1ループではやや早めになる傾向があります。

通常は、「素材の移動距離と動画の時間」によって「スピード」が決まってしまい、ループ前提の動く背景最大のネックでした。トラッキングソフトを使用すると、この問題が解決できます。

右の背景の一番背面の星空部分のパーツは、**A**のような円形で、1回転するように回転デフォーマを付けています。待機モーションには、ループ処理をした60秒アニメーションを設定しようと考えていたのですが、それだとこの星空の回転があまりにも早すぎてしまいました。そこで、==待機モーション用に10分で星空が1回転するようにアニメーションを作成==しました。星空以外のアニメーションは1分間分だけ制作し、10回複製してつなげています。

> **CHECK**
> 動画の場合、10分のアニメーションを書き出すと、書き出し時間もデータサイズも膨大です。しかし、==トラッキングソフトを使用することにより、軽量に長時間アニメーション再生が可能==となります。

## Method5　長時間のアニメーション再生による時間経過演出

軽量に長時間アニメーション再生が可能なのは、キーバインドによるアニメーション再生も同じです。右の正月用の背景では、1パラメータで夜から太陽が昇り、昼になるまでの変化を作りました。少々強引な手法ではありますが、==原画では差分psdを作らずに、細かく分けたパーツに乗算色・スクリーン色による色変更やクリッピングマスクを適用して、すべてLive2D上で時間経過を作成==しました。

［雲海の間～初富士を眺める和室～］
https://www.youtube.com/watch?v=_WJlEU2l3UI

配信者が配信中にゆっくり昇る初日の出を楽しめるように、1時間かけて夜→朝（日の出）→昼になるようモーションを作り、キーバインドに設定しています（1時間のモーションデータは書き出しもすぐに終わります）。

今回の場合、ほかの揺れものは60秒で待機モーションに設定しているため、キーバインドによりそれらとは関係なく時間経過のアニメーションが再生される構成になっています。

夜1

夜2

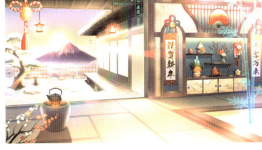

朝1

朝2

朝3

昼1

昼2

**CHECK**

背景作品もこのようにトラッキングソフトを活用することで、利用者がカスタマイズしたり、楽しめるギミックや演出を組み込んだ作品にできます。アイデア次第で可能性は無限大なので、是非とも挑戦してみてください。

# INDEX（索引）

## 英字

AE プラグイン ........................................ 161
After Effects ........................................ 161
CLIP STUDIO PAINT ......................... 18
ID .................................................... 48, 58
nizima .............................................. 162
nizima LIVE ..................................... 162
Photoshop ................. 27, 49, 161, 186
Photoshop プラグイン ..................... 161
SNS 補間 ............................................ 121

## あ行

アートメッシュ .......................... 14, 021
アニメーションベイク ...................... 229
アニメーションワークスペース
.................................................. 13, 153
位置 X（物理演算）.............................. 80
一時パス変形 ....................................... 120
一時変形ツール .......................... 120, 130
インポート（テンプレート）............... 141
動きの反転 .............................................. 28
影響度（物理演算）............................. 082
エクスポート（テンプレート）........... 140
絵コンテ ............................................... 152
エッジ ..................................................... 14
オートスムーズ ................................... 175
オブジェクト .......................................... 15
親 ............................................................ 16

## か行

カーソル追従の設定 ........................... 230
回転デフォーマ ...................... 16, 132
ガイド ........................................... 20, 27
ガイド設定を開く ................................. 27
ガイド（モデリングビュー）の設定
.................................................. 20, 172
ガイドを表示（モデリングビュー）.... 20
角度（物理演算）.......................... 80, 87
角度補正 ................................................. 84
カット ................................................... 152
関連モデル用画像を選択 ................... 148
キー（タイムライン）........................ 154
キー（パラメータ）.................... 15, 133
キーの 2 点追加 .................................... 15
キーの 3 点追加 .................................... 15
キーバインド ....................................... 250
キーフォーム追加 ................................. 15
キーフォーム編集 .................... 15, 192
キーフレーム ............................ 154, 156
キーボードショートカット ................. 19
グラフエディタ ................................... 158
クリッピング ......................................... 48
グルー ........................................... 55, 56
グルーツール ......................................... 56

グルーの重み ................................ 55, 56
グループ化 ........................................... 119
グループ編集 ......................................... 95
原画 ....................................................... 144
子 ............................................................ 16

## さ行

最大出力（物理演算）............... 83, 089
シーンパレット ................................... 156
自動接続 ................................. 25, 53, 054
出力設定（物理演算）.................. 77, 79
乗算色 .......................................... 122, 192
水平方向に反転 ..................................... 36
スキニング ........................................... 109
スクリーン色 .............................. 122, 192
ストロークによるメッシュ割り
.................................................. 14, 26, 31
全シーンを出力 ................................... 238
選択アートメッシュの
　入力画像として設定 ..................... 148
選択されている頂点の
　座標にガイドを追加 ..................... 171
選択モデルの素材を差し替え ........... 237

## た行

ターゲットバージョン ............. 156, 249
タイムラインパレット ........ 13, 154, 191
頂点 ........................................................ 14
頂点とエッジ（線）の削除 ................. 24
ツール詳細パレット ............................. 51
ツールバー .............................................. 12
適用されたパラメータのみ表示 ......... 37
デフォーマパレット ............................. 16
テンプレート .............................. 139, 140
動画出力設定 ....................................... 238
ドープシート ....................................... 158
ドラッグでポリゴンを消去 .......... 24, 51
トラックバー ....................................... 248

## な行

投げ縄選択ツール ................................. 52
入力設定（物理演算）.................. 77, 78
入力の種別（物理演算）...................... 79

## は行

パーツパレット ................................... 160
倍率（物理演算）................................. 83
バインド ........................................ 55, 56
バウンディングボックス ..................... 19
パラメータ .................................. 15, 133
パラメータグループ ........................... 248
パラメータ値をコピー ....................... 159
パラメータ値を貼り付け ................... 159
パラメータパレット ................. 15, 160

パラメータ複製 ..................................... 91
パラメータ編集 ................................... 171
パレット .................................................. 12
反転 ........................................ 90, 93, 96
ビデオコンテ ....................................... 153
ビューエリア .......................................... 12
描画順 .......................................... 119, 122
物理演算 ................................................. 77
物理演算設定の書き出し ................... 142
物理演算設定の読み込み ................... 143
物理演算のアニメーションベイク .... 233
振り子の設定（物理演算）
.......................................... 77, 78, 88, 93
ブレンドシェイプ ................................. 59
ブレンドシェイプの重みの制限設定
.............................................................. 64, 66
ブレンド方式 .............................. 165, 200
プロパティグループ ........................... 248
ベジェ .......................................... 175, 244
変形パスからスキニング ................... 110
変形パスツール ................................... 109
編集モードの切り替え ....................... 158
編集レベル ........................................... 127

## ま行

マスクを反転 ......................................... 48
マルチキー編集 ................................... 129
ミラー編集 ............................................. 30
メッシュ .................. 14, 21, 22, 23, 24, 39
メッシュの自動生成 .............. 14, 29, 50
メッシュの手動編集 .............................. 14
メッシュ幅の頂点数 ............................. 26
メッシュ編集モード .............................. 14
メニュー .................................................. 12
モデリングワークスペース ................. 12
モデル用画像 ....................................... 144

## や行

四隅のフォームを自動生成 ................. 59

## ら行

ラベル色 ............................................... 160
リニア ................................................... 175
リピート .................... 170, 171, 173, 191
ルーラー .................................................. 18

## わ行

ワークエリア ....................................... 154
ワークスペース切り替え ............ 13, 153
ワープデフォーマ ...................... 16, 132

## 著者紹介

### 唐揚丸
（からあげまる）

イラストレーター＆Live2Dデザイナー。
インテリアデザイナー経験を経て、現在は動く背景イラスト制作をメインに活動中。Live2D Creative Awards 2021 アート賞受賞。
主な仕事に「にじさんじ／不破湊／オリバー・エバンス」（ANYCOLOR株式会社）、「ホロライブ／尾丸ポルカ／一条莉々華」（カバー株式会社）、「Live2Dもくもく会」（株式会社Live2D）などその他多数の配信用背景制作。

**X（Twitter）**
https://x.com/karaagemaru0002
**Webサイト**
https://oooniworks.com/
**YouTube**
https://www.youtube.com/@karaagemaru0002

### 乾物ひもの
（かんぶつひもの）

Live2Dモデラー＆VTuber。
自身のYouTubeチャンネルでLive2D講座を発信する傍ら、多数のLive2Dモデルを制作。制作モデルは、「ホロライブID／アユンダリス」、「のりプロ／犬山たまき」、「kson」、「歌衣メイカ」、「キルシュトルテ」など。

**X（Twitter）**
https://x.com/himono_vtuber
**YouTube**
https://www.youtube.com/@himono_vtuber
**pixivFANBOX**
https://himonovtuber.fanbox.cc/
**Webサイト**
https://himononiconico615.wixsite.com/himonovtuber

### ののん。

Live2Dモデラー＆モーションデザイナー。
現在はVTuberモデルの制作を中心に『Live2Dモデラー』として活動中。700体以上のモデル制作実績とXやYouTubeでLive2D講座なども発信中。

**X（Twitter）**
https://x.com/nonon_yuno
**Webサイト**
https://yunostudio.wixsite.com/ynst
**YouTube**
https://www.youtube.com/@nonon_yuno

### fumi
（ふみ）

イラストレーター＆Live2Dデザイナー。
ゲーム会社にてLive2D使用ゲームの立ち上げ、アドバイザーやモデルの作成を行い、現在はフリーで活動。VTuberキャラクターデザインや1枚イラストを担当する。主な仕事に「バトルガールハイスクール」（コロプラ）Live2Dのメインデザイナー、「にじさんじ／葉山舞鈴」（ANYCOLOR株式会社）キャラクターデザイン、制作したモデルに「ホロライブLive2D／湊あくあ／赤井はあと」（カバー株式会社）、個人Live2Dモデル「96猫（黯希ナツメ）／服巻有香」その他多数。

**X（Twitter）**
https://twitter.com/fumi_411
**Webサイト**
https://www.fumi-xyz.com/live2d
**Coloso**
https://coloso.jp/products/live2ddesigner-fumi-jp
**YouTube**
https://www.youtube.com/@fumidao/streams

| | |
|---|---|
| 著者（五十音順）……… | 唐揚丸 |
| | 乾物ひもの |
| | ののん。 |
| | fumi |
| 描き下ろしモデルイラスト… | しゅがお |
| | ぷくろて |
| カバー・本文デザイン……… | 加藤愛子（オフィスキントン） |
| DTP…………………………… | 加納啓善（山川図案室） |
| 協力………………………… | 株式会社Live2D |
| 編集協力…………………… | ひのほむら |
| 編集………………………… | 新井智尋（株式会社レミック） |
| 企画・編集………………… | 難波智裕（株式会社レミック） |
| | 秋山絵美（技術評論社） |

★お問い合わせについて

本書に関するご質問は、FAXか書面でお願いいたします。電話での直接のお問い合わせにはお答えできません。あらかじめご了承ください。また、下記のWebサイトでも質問用フォームを用意しておりますので、ご利用ください。
ご質問の際には以下を明記してください。
・書籍名
・該当ページ
・返信先（メールアドレス）
　ご質問の際に記載いただいた個人情報は質問の返答以外の目的には使用いたしません。
　お送りいただいたご質問には、できる限り迅速にお答えするよう努力しておりますが、お時間をいただくこともございます。なお、ご質問は本書に記載されている内容に関するもののみとさせていただきます。

★問い合わせ先
〒162-0846　東京都新宿区市谷左内町21-13
株式会社技術評論社　書籍編集部
『Live2D モデリング&アニメーション Tips』係
FAX：03-3513-6181
Web：https://gihyo.jp/book/2024/978-4-297-14429-6

---

# Live2D モデリング&アニメーション Tips

2024年10月31日　初版　第1刷発行
2025年1月23日　初版　第2刷発行

| | |
|---|---|
| 著　者 | 唐揚丸／乾物ひもの／ののん。／fumi |
| 協　力 | 株式会社Live2D |
| 発行人 | 片岡巌 |
| 発行所 | 株式会社技術評論社 |
| | 東京都新宿区市谷左内町21-13 |
| | 電話　03-3513-6150　販売促進部 |
| | 　　　03-3513-6185　書籍編集部 |
| 印刷／製本 | 株式会社加藤文明社 |

▶定価はカバーに表示してあります。
▶本書の一部または全部を著作権法の定める範囲を超え、無断で複写、複製、転載、テープ化、ファイルに落とすことを禁じます。
▶造本には細心の注意を払っておりますが、万一、乱丁（ページの乱れ）や落丁（ページの抜け）がございましたら、小社販売促進部までお送りください。送料小社負担にてお取り替えいたします。

ISBN978-4-297-14429-6 C3055
Printed in Japan
©2024 唐揚丸、乾物ひもの、ののん。、fumi、株式会社レミック